V-36,184

V

ÉLÉMENTS

DE

TÉLÉGRAPHIE SOUS-MARINE

Première partie:

Route à suivre. — Construction du câble, difficultés électriques.
Construction du câble, difficultés mécaniques. — Émission du câble.

Deuxième partie :

Pose du câble transatlantique, entre l'Irlande et Terre-Neuve.

PAR A. DELAMARCHE

INGÉNIEUR HYDROGRAPHE DE LA MARINE, OFFICIER DE LA LÉGION D'HONNEUR

PUBLIÉ AVEC L'AUTORISATION DE S. E. L'AMIRAL HAMELIN
Ministre de la Marine et des Colonies.

PARIS

LIBRAIRIE DE FIRMIN DIDOT FRÈRES, FILS ET Cie

IMPRIMEURS DE L'INSTITUT IMPÉRIAL

RUE JACOB, 56

1858

ELÉMENTS

DE

TÉLÉGRAPHIE SOUS-MARINE

Paris. — Typographie de Firmin Didot frères, fils et Ce, rue Jacob, 56.

ÉLÉMENTS

DE

TÉLÉGRAPHIE SOUS-MARINE

Première partie :

Études générales. — Route à suivre. — Construction du câble : difficultés électriques. — Construction du câble : difficul és mécaniques. — Émission du câble.

Seconde partie :

Pose du câble transatlantique entre l'Irlande et Terre-Neuve.

PAR A. DELAMARCHE

INGÉNIEUR HYDROGRAPHE DE LA MARINE, OFFICIER DE LA LÉGION D'HONNEUR

PUBLIÉ AVEC L'AUTORISATION DE S. E. L'AMIRAL HAMELIN

Ministre de la Marine et des Colonies.

BIBLIOTHÈQUE IMPÉRIALE

PARIS

LIBRAIRIE DE FIRMIN DIDOT FRÈRES, FILS ET Cⁱᵉ

IMPRIMEURS DE L'INSTITUT IMPÉRIAL

RUE JACOB, 56

1858

Droit de traduction et de reproduction réservé.

PREMIÈRE PARTIE.

—

ÉTUDES GÉNÉRALES.

AVERTISSEMENT.

La première partie de ce volume est un essai
sur les diverses questions qui se rattachent à l'é-
tablissement des lignes télégraphiques sous-marines. Elle a été remise à M. le directeur général
des lignes télégraphiques le 3 mars 1857, à la
suite de plusieurs missions que j'avais remplies,
soit en Angleterre, soit à bord des bâtiments
qui, en 1855 et 1856, ont tenté de poser un câble
entre la Sardaigne et l'Algérie. Depuis cette époque, j'ai eu l'occasion d'étudier de nouveau
quelques-unes des questions qui y sont traitées,
et, de plus, j'ai assisté à la pose du câble transatlantique et à celle du câble algérien. Je serais
par conséquent en mesure de modifier et d'amé-
liorer mon travail. Malheureusement, le service
important (des chronomètres) qui vient de m'être
confié par le département de la Marine ne me
laisse aucun loisir, et, quoique cette étude soit
incomplète et défectueuse, je me résigne à la

livrer telle quelle, vu le peu de renseignements qui ont été publiés sur ces matières.

J'ai conservé textuellemement ma rédaction du 3 mars 1857, sans faire ni corrections ni suppressions, me contentant d'ajouter une simple note lorsque les passages étaient par trop défectueux. J'ai cru devoir montrer les erreurs que j'ai commises, afin de les épargner à ceux qui, après moi, travailleront sur ces mêmes sujets, et aussi afin d'indiquer par mon propre exemple qu'il est bon, surtout quand il s'agit de questions nouvelles, d'avoir de l'indulgence pour les autres et de la méfiance envers soi-même (1).

J'ai cité dans le cours de ce travail, à mesure que l'occasion s'en est présentée, les personnes à la bienveillance desquelles j'ai eu recours; mais il en est une, M. de Tessan, ingénieur hydrographe, sans les conseils incessants duquel je n'aurais certes rien fait de passable. Je lui adresse ici ma cordiale reconnaissance, ayant bien soin d'ajouter qu'il ne peut être en rien responsable des erreurs que j'ai commises.

(1) Toutes les notes au bas des pages ont été ajoutées en 1858.

1er avril 1858.

ÉLÉMENTS

DE

TÉLÉGRAPHIE SOUS-MARINE.

1re PARTIE. — ÉTUDES GÉNÉRALES.

J'ai eu principalement en vue dans ce travail les lignes télégraphiques qui passent par de grandes profondeurs et s'étendent sur de longues distances, et le but premier de mes études était l'établissement d'une ligne directe entre la France et l'Algérie. Pour de petites profondeurs et de petites distances, la question a été suffisamment résolue par les lignes qui relient l'Angleterre et le continent, en sorte que les études qui seraient faites en vue de ces conditions, quoique présentant, pour quelques détails, un certain intérêt, n'auraient qu'une importance secondaire.

Pour les grandes profondeurs et les grandes distances, comme, par exemple, dans le cas de la pose d'un câble entre l'Irlande et Terre-Neuve (5,000 mètres de profondeur et 4,000 kilomètres de longueur), ou même entre la France et l'Algérie (3,000 mètres de profondeur et 1,000 kilomètres de longueur), on n'est, pour ainsi dire, parvenu encore à aucun résultat. La seule ligne en

1.
But
de ce travail.

activité qui se rapproche de celles qui nous occupent est celle de la Spezia au cap Nord, en Corse (par 600 mètres de profondeur, 200 kilomètres de longueur), et les tentatives de la Compagnie méditerranéenne n'ont posé un câble que par 1,900 mètres et à 130 kilomètres de la côte.

Il n'existe en conséquence, jusque aujourd'hui, aucune base certaine qui puisse guider pour des opérations de ce genre, et il ne faut pas perdre de vue que, la télégraphie sous-marine étant à son début, tout ce qui suit ne constitue guère que des indications, et que l'expérience pourra, dans un grand nombre de cas, détruire ce que, dans l'état imparfait des connaissances actuelles, nous aurons cru pouvoir avancer.

2.
Division
du travail.

Ces réserves faites, nous allons considérer l'établissement des lignes télégraphiques sous-marines sous les points de vue suivants :

1° *Détermination de la route à suivre ;*

2° *Construction du câble : difficultés électriques ;*

3° *Construction du câble : difficultés mécaniques ;*

4° *Émission du câble.*

DÉTERMINATION DE LA ROUTE A SUIVRE.

La route à suivre, indépendamment des raisons poli-
tiques, commerciales ou administratives qui peuvent
intervenir, doit être déterminée par la distance la plus
courte et les profondeurs les plus faibles et les plus régulières. La plus courte distance a l'avantage de demander moins de câble, par conséquent d'être moins dispen-
dieuse, d'exiger un navire plus petit et une moins longue
série de beaux temps pour l'opération, toujours délicate,
de la pose, et surtout de se trouver dans des conditions
plus favorables pour la rapidité de la transmission des
dépêches électriques. Par les profondeurs plus faibles,
l'effort qu'a à supporter le câble pendant la pose est
moins considérable, et les profondeurs plus régulières
préviennent les anomalies dangereuses qui se produisent
dans l'émission.

Il est absolument indispensable, pour décider les éléments de la construction du câble et pour procéder sû-
rement à son émission, d'avoir aussi exactement que
possible le profil de la mer, suivant la route qu'on doit

3
Conditions
les plus
favorables.

4.
Disposition
des sondes.

1.

suivre. Il sera aussi très-utile de connaître, avec moins
de détails si l'on veut, les profondeurs qui se trouvent de
chaque côté de la route adoptée, afin que, si une circonstance quelconque fait dévier de cette route ou ins-
pire des doutes sur la position des bâtiments, on sache
de quel côté il est plus prudent de se diriger. C'est
ainsi que, pour la ligne de Sardaigne en Algérie. nous
avions fait trois lignes de sondes espacées d'environ une
dizaine de milles les unes des autres, et que, une fois
donnée la route à suivre de Spartivento à la Galite, il
avait été recommandé, en cas d'hésitation, par suite de
courants, de brumes ou de toute autre circonstance, de
se jeter hardiment dans l'Est, vu que nous savions que,
de ce côté, les profondeurs allaient en diminuant, tandis qu'elles augmentaient vers l'Ouest.

L'intervalle entre les sondes peut, sans inconvénient,
être assez considérable quand on est arrivé au bassin
de la plus grande profondeur que présentent les longues distances sur une étendue considérable. Ainsi,
dans la Méditerranée, quand nous nous sommes trou-
vés par les sections normales de 2,000 ou 3,000 mètres,
suivant la route parcourue, nous avons espacé les sondes
de 6 à 12 milles ; mais il faut les rapprocher beaucoup,
de 2 à 3 milles par exemple, lorsque les fonds ne sont
pas réguliers, c'est-à-dire lorsqu'on n'est pas arrivé à
la profondeur maximum, qui se maintient pour ainsi
dire la même, sur une étendue considérable. au milieu
de la distance qui sépare les petits fonds.

5.
Nécessité
de connaître
exactement
les
profondeurs. On ne saurait attacher trop d'importance à avoir,
aussi exactement que possible, le profil du fond de la
mer par les profondeurs variables, l'émission du câble

devant se modifier à chaque instant suivant la variation du sol sous-marin. Dans les deux tentatives de la Sardaigne en Algérie, il y a eu des mouvements désordonnés du câble, et, par suite, des ruptures en des points où certainement existaient des montagnes sous-marines. On conçoit que le câble ne doit pas être émis dans les mêmes conditions, soit qu'il parte du bas d'une montagne pour arriver en haut, soit qu'il en descende, et qu'après en avoir dépassé le sommet, surtout si elle est à pic, il se trouve dans une position dangereuse.

Il est donc nécessaire de connaître, à chaque moment, la profondeur par laquelle se trouve le bâtiment qui émet le câble.

Ces sondages par de grandes profondeurs offrent certaines difficultés ; mais j'entrerai à peine ici dans les questions qui font l'objet d'un Mémoire spécial. Je dirai seulement qu'il est nécessaire de vérifier et de comparer avec soin les instruments qui donnent les profondeurs par les mouvements d'ailes métalliques en hélice communiqués à des aiguilles de compteur.

Les Américains, qui ont fait les sondages pour le télégraphe transatlantique, se sont servis d'un instrument de ce genre ; mais les résultats qu'ils ont présentés n'ont pas inspiré une confiance suffisante, et la marine anglaise doit refaire tous ces sondages au printemps prochain (1).

6.
Procédés
de sondages
par
de grandes
profondeurs.

(1) *Le Cyclops* a rempli cette mission en juin 1857, et il a trouvé environ 5.000 mètres de profondeur. — Il s'est servi avec succès, pour les profondeurs les plus considérables, de lignes de soie pareilles à celles dont il est question à l'alinéa suivant et que j'avais fait fabriquer à Paris, sur l'invitation de l'amirauté britannique.

Pour nous, lors des sondes que nous avons faites par 3,000 mètres environ, entre les Baléares et Alger, à bord du *Daim*, avec M. Ploix et M. de Bastard, nous avons employé de simples lignes de soie, dont nous avons été fort contents. J'avais fait fabriquer à Paris 30 kilogr. de cordonnet en soie, de 18 fils retors Lémerillon, en une seule longueur de 5,500 à 6,000 mètres; ce cordonnet devait supporter 50 kilogr. et a coûté 80 fr. le kilogr.

Cette ligne de plusieurs bouts, de 500 mètres chacun, rattachés solidement les uns aux autres, était marquée de 100 mètres en 100 mètres et enroulée sur une bobine; elle se déroulait d'elle-même lorsqu'on mettait à son extrémité un plomb, que des expériences successives ont conduit à prendre de 15 kilogr., et elle s'arrêtait spontanément au moment où le plomb touchait le fond. On halait la ligne à bord au moyen d'une manivelle que deux hommes faisaient facilement mouvoir. Cinq quarts d'heure environ suffisaient pour effectuer complétement une sonde de 3,000 mètres. Il faut que tout ce système soit en fer; nous l'avions fait établir en partie en bois très-fort, et les cercles latéraux de la bobine, quoique en chêne très-solide et fortement boulonnés, se sont toujours écartés, de façon à arrêter le mouvement et à nous gêner considérablement (1).

Nous avons aussi essayé des lignes en laiton, que nous avions fait recouvrir de filin, pour parer à l'allongement et au maniement difficile; mais ces lignes

(1) MM. Bérard et de Tessan avaient déjà fait, en 1831, des sondages par 1,500 mètres environ de profondeur, entre la Sardaigne et les Baléares, avec des lignes de sonde analogues à celles-ci.

n'ont rendu que de mauvais services, et se rompaient
facilement par suite de coques.

Quoi qu'il en soit, on arrivera certainement à la connaissance exacte du profil de la mer, suivant les diverses
routes entre lesquelles il y aura lieu de se décider, et
cet élément devra être pris en considération; mais il en
est d'autres qui méritent aussi une attention sé-
rieuse.

Il ne m'appartient pas de parler des raisons politi-
ques, militaires ou commerciales qui doivent influer sur
les décisions à prendre; je ferai seulement observer
que les retards sensibles qu'éprouve l'électricité à travers un fil très-long donneront une grande valeur à l'é-
tablissement, s'il se peut, d'un relais entre les points
extrêmes. Si, par exemple, il s'agit d'aller de Marseille
à Alger, il est évident que Mahon, qui se trouve presque à égale distance de ces deux villes, serait un point
d'arrêt très-précieux, et que, si l'on gagnait beaucoup
comme vitesse électrique, il y aurait peut-être lieu de
poser deux fils: l'un direct, qui ne passerait chez qui
que ce soit, et serait, indépendamment de toute circonstance, complétement entre les mains de la France,
protégé à ses deux extrémités par de fortes positions;
l'autre commercial, s'arrêtant à Mahon, s'embranchant
sur l'Espagne, et transmettant les signaux avec plus de
rapidité et de netteté, mais dont nous ne serions pas
complétement les maîtres. Le fil direct qui passerait
dans l'est de Mahon, par exemple, devrait être posé
par une profondeur assez considérable pour qu'en cas
de guerre il ne pût être dragué par l'ennemi. Je conseillerais à cet effet de le poser par 500 mètres. Des

7.
Utilité
des relais

sondes préparatoires détaillées donneraient la route exacte à suivre.

En outre de ces sondages très-importants, il est né-
cessaire d'étudier avec le plus grand soin quels sont, aux extrémités du câble, les points d'atterrissement les plus favorables. Ces points d'atterrissement devront être déterminés, autant que possible, d'après les conditions suivantes : ne pas offrir, sur la route du câble, de mouillages aux navires, qui alors risqueraient de le casser en relevant leurs ancres; n'avoir pas de rocher sur le chemin que le câble aura à parcourir; ne pas être exposés à de trop forts mouvements de mer, qui en rendraient l'abord difficile lorsqu'on posera le câble, et, par la suite, tendraient à le fatiguer.

Il est encore un élément qui ne manque pas de va-
leur, et sur lequel j'attirerai un instant l'attention : c'est l'importance qu'il y aurait à ce que la dépêche qui passe par un câble sous-marin n'ait pas, une fois ar-
rivée à terre, à parcourir une ligne télégraphique le long de la mer. Ainsi la ligne projetée et tentée qui, partant de la Sardaigne, arriverait à Bone et serait forcée de longer la mer pour aller de ce point à Alger, se trouverait, pour tout ce dernier intervalle, dans des conditions très-fâcheuses, comme transmission du courant électrique; et, indépendamment des autres motifs, cette seule considération devrait militer en faveur du choix d'Alger comme point d'arrivée du câble en Afri-
que. De même, si, en raison de la plus courte distance et aussi de la moins grande étendue des grandes pro-
fondeurs, on choisissait Port-Vendres comme point de départ de la ligne qui irait de France en Algérie, il fau-

drait considérer que ce serait un grand inconvénient d'aller de Port-Vendres à Paris, en passant par Marseille et en suivant le bord de la mer entre ces deux ports ; et il y aurait lieu d'examiner si, malgré les avantages sérieux que présente Port-Vendres sous certains rapports, il ne vaudrait pas mieux choisir Marseille comme point de départ, quitte, si la profondeur entre Marseille et Mahon était très-considérable, à continuer à poser le câble par 500 mètres depuis le travers de Port-Vendres jusqu'à Marseille.

Une fois qu'on a adopté la route à suivre, qu'on connaît la distance à parcourir et les profondeurs à franchir, on a les éléments nécessaires pour se guider dans la construction du câble. Ce câble doit satisfaire à des conditions électriques et à des conditions mécaniques. Je m'occuperai d'abord des premières.

CONSTRUCTION DU CABLE; DIFFICULTÉS ÉLECTRIQUES.

10. Retard dans la transmission des dépêches. — Induction. La plus grande préoccupation qu'on puisse avoir, au point de vue électrique, est celle du retard qu'é-prouvera la transmission des dépêches.

Un câble sous-marin se compose d'un fil conducteur (en cuivre) entouré d'une matière isolante (gutta-per-cha). Nous admettrons en outre que le tout est revêtu d'une enveloppe conductrice (en fer), la modification ou la suppression de cette enveloppe extérieure ne changeant que très-peu les conditions électriques dans le cas où le câble est plongé dans l'eau. Or, si on fait passer un courant par le fil intérieur, l'électricité, à mesure qu'elle s'avance, réagit, par influence, sur l'en-veloppe conductrice (le fer et l'eau), ce qui diminue la vitesse de propagation. Je réduis le phénomène à sa plus simple expression et je n'entre dans aucun dévelop-pement sur les divers effets produits par cette induction statique, et j'abandonne ces questions aux ingénieurs du service télégraphique, beaucoup plus compétents que moi. J'ai seulement à faire remarquer la différence qui existe entre ce qui se passe dans les lignes aériennes et ce qui se passe dans les lignes sous-marines. Dans l'air, qui est fort mauvais conducteur, l'électricité ne produit aucun effet; dans un câble sous-marin, au contraire, elle agit sur les corps conducteurs voisins, et tout le système vient à constituer une véritable bouteille de Leyde.

Jusqu'à présent les lignes sous-marines sont de peu d'étendue, et la quantité d'électricité qui réagit de la surface extérieure de cette bouteille de Leyde est peu considérable ; aussi les retards dans la transmission sont peu sensibles (cependant on a eu $\frac{1}{10}$ de seconde de retard lors de la détermination de la différence de longitude entre Paris et Greenwich, et M. Airy m'a dit attribuer presque complétement ce retard à la partie sous-marine de la ligne parcourue). Mais si l'on suppose un câble de 4,000 kilomètres, comme le transatlantique, ou même de 1,000 kilom., comme celui de l'Algérie, on s'effraye de la surface de cette immense bouteille de Leyde et des effets qui seront produits sur la marche de l'électricité et le jeu des appareils. J'ai cherché à me former une opinion à cet égard, et j'ai consulté les savants de France et d'Angleterre, notamment MM. Faraday, Edmond Becquerel et Weathstone ; mais je n'ai pu tirer aucun renseignement précis, et j'en suis réduit à attendre le résultat de la grande tentative qui va être faite sur le câble à un seul fil qui doit être posé entre l'Irlande et Terre-Neuve.

Il a été fait grand bruit, à propos de ce dernier câble, d'expériences qui ont eu lieu dernièrement en Angleterre, dans le but de rassurer la spéculation sur la pos-

11.
Expériences
à propos
du câble
trans-
atlantique.

sibilité de transmettre des dépêches par de très-longues distances. Les savants qui ont présidé à ces expériences, et parmi lesquels il faut citer M. Morse, ont eu le soin d'opérer, non sur des fils aériens, mais sur des fils souterrains, qui, dans un milieu humide et presque continuellement en contact avec la terre, se trouvent dans des conditions à peu près analogues à celles des fils sous-marins. Les résultats de ces expériences ont été satisfaisants; malheureusement personne, pour le moment, ne connaît assez les lois qui régissent la marche de l'électricité, dans les diverses conditions que présentent les lignes télégraphiques de différentes espèces, pour pouvoir passer des phénomènes observés dans les lignes souterraines aux phénomènes qui doivent avoir lieu dans les lignes sous-marines.

12.
Comparaison
entre
les lignes
souterraines
et les lignes
sous-
marines.

M. Whitehouse, l'électricien de la Compagnie transatlantique, que j'ai eu la bonne fortune de rencontrer à Liverpool, a la plus entière confiance dans le succès. Il s'appuie en partie sur l'expérience suivante, dont il m'a donné connaissance. Il a opéré sur un fil souterrain de 200 kilomètres et sur un fil identique sous-marin également de 200 kilomètres, et il a trouvé $\frac{1}{8}$ de seconde de retard pour le premier et $\frac{1}{4}$ (nombre rond) pour le second. Il en a conclu que le terme de la proportion entre les retards souterrains et les retards sous-marins était 2. Mais je suis loin de partager son opinion et de croire que cette proportionnalité existe. Je pense, au contraire, que, si, pour 200 kilomètres, le retard sous-marin est double du retard souterrain, pour 4,000 il sera beaucoup plus fort que le double.

Encore une fois, il faut attendre l'expérience. Il me

semble regrettable que la Compagnie transatlantique ait adopté un câble à un seul fil, et M. Whitehouse, à qui j'ai exprimé cette opinion, l'a confirmée en disant que, s'il n'eût été si pressé par le temps, au point de vue de la spéculation, il aurait certainement choisi un câble à double fil.

Un câble à double fil que je serais très-porté à adopter est celui que propose M. Gordon, l'un des chefs de la maison Newall et C°, de Newcastle, ingénieur distingué, très-compétent sur toutes ces matières.

13.
Double câble en circuit métallique.

Voici les motifs de ma préférence pour ce câble. Si l'on enferme deux fils métalliques isolés séparément dans un même cylindre de gutta-percha entouré de fer, et qu'on les établisse en circuit métallique, l'un d'eux étant parcouru par un courant positif, et l'autre simultanément par un courant négatif, est-ce que les actions égales et contraires de ces deux courants opposés, relativement à la surface extérieure en fer, ne se contre-balancent pas, de manière à annuler, ou à peu près, l'induction statique? En outre l'induction voltaïque ne tend-elle pas à augmenter la force des deux courants? En un mot, est-ce que, dans ce système, l'induction statique n'agira pas moins en retardation que l'induction voltaïque n'agira en accélération?

Je livre ces questions à l'appréciation des ingénieurs du service télégraphique. Je ferai seulement les deux remarques suivantes : quant à l'induction statique, on, ce

---

(1) Ce câble à double fil a été imaginé, je crois, par M. Siemens, que j'ai vu en Angleterre et aussi à bord de l'*Elba* lors de la pose de l'algérien ; il m'a paru renoncer à son idée, et je pense qu'il y a lieu de répondre négativement aux questions qui précèdent.

qui revient au même, à l'influence de la surface extérieure, elle serait évidemment nulle si les deux fils formant
circuit étaient au centre du cylindre ; mais comme il
n'en peut être ainsi, puisqu'ils doivent être séparément
isolés, il n'y aura pas annulation complète, mais par-
tielle, et d'autant plus près d'être complète que les deux
fils seront plus rapprochés. Cette remarque montre les
conditions du système sous un jour moins favorable.
On aura l'action réelle au moyen d'un calcul analogue
à celui que j'indiquerai plus bas pour une question du
même genre. Quant à l'induction voltaïque, il faut considérer que, si, comme la plupart des savants, on
adopte la théorie de M. Faraday, au lieu d'agir de droite
sur droite, elle rayonne pour ainsi dire dans tout l'espace comme des vibrations moléculaires, ce qui diminue encore les avantages du système proposé.

Quoi qu'il en soit des réflexions qui précèdent et d'autres encore, je regrette que le câble américain n'ait
qu'un fil, et je proposerais le double fil pour celui de
l'Algérie, si on en décidait la pose.

Ces deux fils ont l'avantage de pouvoir être pris séparément et par conséquent de rendre double service. Si
les craintes sur la transmission de l'électricité ne sont
pas fondées, ils pourraient, si on le juge convenable, être
réunis en un seul. En un mot, ce système se prêterait à
toutes les expériences, ce qui serait d'une utilité immense.
Je ne voudrais pas entrer dans trop de détails, mais j'a-
jouterai encore que, dans le cas où le circuit métallique
serait reconnu jouir des avantages cités plus haut, on
pourrait ne plus donner au fil conducteur que la plus
petite dimension strictement exigée par la mécanique ;

par suite on diminuerait l'épaisseur de la gutta-percha
et la grosseur du câble ; d'où économie, encombrement moindre, etc.

On a, je crois, l'intention de poser un câble entre le
Havre et Caen. On pourrait adopter, pour cette petite
ligne, le câble à double fil, et faire des expériences
utiles.

Cette question du retard dans la transmission de
l'électricité est la plus grave de celles qu'il y ait lieu
d'étudier, car, pour les très-grandes longueurs, elle at-
taque même la possibilité du service télégraphique. Je
dirai cependant quelques mots sur la dimension du fil
de cuivre et l'épaisseur de la gutta-percha.

Le fil, comme on sait, est d'une conductibilité proportionnelle à sa section ; mais aussi, plus il est gros,
plus il offre d'inconvénient sous le rapport mécanique.
Il y a une limite moyenne qu'on peut, je crois, fixer à
2 millimètres pour le diamètre. Le câble transatlantique est composé de 7 fils de cuivre de $0^{mm},7$ de
diamètre chacun, ce qui fait en tout 2 millimètres,
à peu de chose près ; cette dimension me paraît trop
forte (1) ; elle a l'inconvénient de rendre le câble plus
lourd, plus coûteux, et d'exiger, par suite des difficultés
de la fabrication, une plus grande quantité de gutta-
percha. En outre, cette disposition de petits fils qui en
forment un gros, qui peut avoir quelque avantage sous
le rapport mécanique, est fâcheuse sous le rapport
électrique ; car, pour un poids égal, sur la même lon-

14.
Dimensions
du fil
conducteur.

____

(1) J'ai rétracté cette opinion depuis que j'ai vu ce qui s'est passé
électriquement lors de la pose du transatlantique. (Voir la 2ᵉ partie).

gueur, le faisceau des fils réunis est moins bon conducteur que le fil unique. La différence a été reconnue par les expériences de M. Whitehouse d'environ 8 p. 100.

15.
Épaisseur
de la
gutta-percha.

L'épaisseur de la gutta-percha, en raison de la cherté de cette matière et des inconvénients sérieux qui croissent avec la grosseur du câble, doit être ramenée aux plus petites dimensions possibles, en tant que les exigences électriques soient satisfaites.

La première de ces exigences est évidemment l'isolation parfaite du fil conducteur. Dans l'état actuel de la fabrication de la gutta-percha, on ne peut se contenter d'une seule couche. La moindre solution de continuité non-seulement tendrait à détruire l'isolation, mais encore, surtout par les énormes pressions qui, subsistent au fond de la mer, donnerait passage à l'eau, qui attaquerait le fil de cuivre (1). On a donc adopté par prudence trois couches de gutta-percha, et, comme la meilleure fabrique ne garantit pas de bon travail à moins de environ $1^{mm},2$ d'épaisseur pour chaque couche, on voit que l'épaisseur totale sera d'environ 4^{mm}, ce qui avec le cuivre donne 1 centimètre de diamètre pour le cylindre intérieur. Ce sont les dimensions du câble transatlantique.

Mais elles sont déterminées par ce fil conducteur, qui lui-même est fort gros, et avec un fil plus mince pour point de départ on aurait, je crois, des épaisseurs de gutta-percha plus faibles et très-suffisantes certainement pour l'isolation. Le câble de Sardaigne avait aussi

(1) Ceci est peu probable d'après les expériences que nous avons faites ultérieurement avec l'appareil à hautes pressions de M. Froment.

trois couches, et cependant l'épaisseur totale de la gutta-percha, autour de chaque fil d'un peu plus d'un millimètre fort de diamètre, ne dépassait pas 3 millimètres.

Il serait fort utile de trouver des procédés de fabrication qui permettraient d'obtenir des couches de plus en plus minces, et je proposerais même de substituer à l'une des couches, si ce n'est à deux, le passage du fil dans des dissolutions de gutta-percha. On a repoussé cette modification, parce que les dissolutions ordinairement employées renferment des alcools qui nuisent aux propriétés isolantes ; mais on pourrait, je pense, obtenir des dissolutions de gutta-percha pur qui ne présentent pas cet inconvénient.

Quelle que soit cependant l'importance que présente une plus faible dimension de câble, il ne faut pas oublier que ce n'est pas seulement l'isolation du fil à laquelle on est forcé de songer. Il faut considérer que, s'il y a plusieurs fils dans le même câble, ils s'influenceront d'autant plus les uns les autres qu'ils seront plus voisins, et aussi qu'il ne faut pas qu'ils se trouvent trop près de cette enveloppe extérieure qui agit sur eux par l'induction statique. Il serait intéressant de voir ce que devient cette action suivant la distance.

J'indique le calcul comme exemple des recherches analytiques que peuvent faire les ingénieurs du service des télégraphes.

Si MRda est l'action exercée sur le centre par l'élément correspondant à l'angle au centre $d\alpha$, l'action du même élément sur le point A, situé à la distance b du centre, a pour valeur

$$\text{MR}\,d\alpha = \frac{R^2}{R^2 + b^2 - 2bR\,\cos\alpha}.$$

et la somme de toutes les actions sera

$$\mathrm{MR}^3 \int \frac{d\alpha}{\mathrm{R}^2 + b^2 - 2b\mathrm{R}\cos\alpha} = \frac{2\mathrm{MR}^3}{\mathrm{R}^2 - b^2} \int_0^\pi \frac{dz}{1 + z^2}$$

en faisant

$$z = \frac{\mathrm{R} + b}{\mathrm{R} - b}\,\operatorname{tang}\tfrac{1}{2}\alpha,$$

d'où, pour l'intégrale :

$$\frac{2\mathrm{MR}^3}{\mathrm{R}^2 - b^2} \int_0^\pi \operatorname{arc\,tang} z = \frac{2\pi\mathrm{MR}^3}{\mathrm{R}^2 - b^2},$$

ce qui pour $b = 0$, c'est-à-dire pour le fil central, donne $\mathrm{M}.2\pi\mathrm{R}$ et pour $b = \mathrm{R}$, c'est-à-dire pour un fil à la circonférence, donne $\tfrac{1}{0}$ (1).

17.
Effets
des grandes
pressions. Il est enfin une question dont je ne parlerais pas si elle ne m'avait paru préoccuper plusieurs personnes. Le câble sous-marin, reposant au fond de la mer, est soumis à une pression qui, pour celui de l'Atlantique, irait à 500 atmosphères, et pour celui d'Algérie, à 300 ; et on peut se demander quelles modifications produiront ces pressions énormes sur l'état moléculaire du fil et sa conductibilité. La théorie indique que non-seulement il n'y a rien à craindre, mais qu'au contraire les conditions seront meilleures. De plus, la pratique tend à rassurer, puisque, l'an dernier, de Sardaigne en Algérie, on a communiqué télégraphiquement par 2,000 mètres de profondeur, c'est-à-dire par 200

---

(1) Ceci est incomplet, car il faudrait calculer la valeur de M, qui est fonction du rayon et de la force du courant, et aussi faire entrer dans le calcul définitif non pas une seule section, mais la somme de toutes les sections. On arriverait ainsi à déterminer la quantité d'électricité dissimulée à la surface du câble, c'est-à-dire la quantité d'électricité que doit fournir la pile au point de départ en sus de celle qui, passant par e fil, se manifestera à son extrémité.

atmosphères. En tout cas, comme il n'est rien de tel
que les expériences complètes, j'ai demandé à M. Froment un appareil qui permettra d'examiner complète-
ment ce qui se passe; on pourra en même temps voir
si par la pression extraordinaire l'eau ne pénètre pas la
gutta-percha (1).

J'ai communiqué le présent chapitre à M. E. Becquerel, qui en a adopté les principales idées, et qui
m'a dit que les conclusions sont parfaitement conformes
à ce qu'on sait sur l'action et l'emploi de l'électricité.

J'ai dû exposer tout ce qui précède relativement aux
difficultés électriques, parce que ce travail doit résu-
mer les renseignements que j'ai recueillis plutôt que
mes opinions personnelles; mais, pour mon compte,
je ne suis nullement inquiet pour toute la partie électrique de la question. J'ai une immense confiance dans
l'électricité, que je regarde comme peu connue pour le
moment et dont on tire de jour en jour un meilleur
parti. Je suis convaincu que, quelles que soient les
conditions dans lesquelles sera construit le câble, l'électricité se tirera toujours d'affaire. Ainsi je ne doute pas
que dans peu la science n'arrive à faire passer des dépêches de France en Algérie à travers un fil de cuivre
tout nu (2). Sauf les proportions, le fait, scientifique-
ment, existe déjà. Dans les Indes, à ce que m'a dit

18.
Confiance
dans
l'électricité.

(1) Cet appareil a été construit; un échantillon de câble transatlantique, dont les extrémités étaient à l'air libre (ce qui avait présenté de
grandes difficultés), a été soumis à des pressions variables jusqu'à
500 atmosphères. Les expériences qui ont été faites au Conservatoire,
en présence de MM. Becquerel, Wertheim, de Tessan et Tresca, nous
ont complétement rassuré.

(2) Ceci est probablement une erreur très-grossière.

M. Faraday, il y a mille milles de lignes télégraphiques composées de fils non isolés, reposant sur des poteaux qui ne sont pas isolés non plus, et les dépêches se transmettent.

Mais, si l'électricité doit se prêter, suivant moi du moins, à toutes les merveilles, la mécanique a des exigences auxquelles on ne peut échapper. Ainsi ce fil de cuivre tout nu, dont il a été question plus haut, ne pourrait être mis au fond de la mer et se romprait certainement dans la pose (1). Il y a donc lieu d'examiner sérieusement le côté mécanique de la question des câbles sous-marins.

(1) En supposant qu'on entende les opérations comme cela a eu lieu jusqu'aujourd'hui.

III

CONSTRUCTION DU CABLE. DIFFICULTÉS MÉCANIQUES.

Je dois rappeler, avant tout, que nous ne nous occupons que de la partie du câble qui passe par de grandes profondeurs.

Dans tout ce qui précède, nous avons supposé le câble reposant au fond de la mer; or c'est une opération fort difficile que de l'y faire arriver, et les difficultés doivent être prises en grande considération pour la construction du câble.

La première question est celle de la charge que supportera le câble et sous laquelle il tendra à se rompre. Admettons, pour fixer les idées, qu'il s'agisse de la ligne de France en Algérie, sur laquelle on doit rencontrer des profondeurs de 3,000 mètres. Prenons le moment, pendant la pose, où le bâtiment se trouve par ces 3,000 mètres, et supposons-le arrêté. Le câble repose au fond de la mer, et, s'il tombait verticalement du navire, sa partie supérieure aurait à supporter exactement trois mille fois ce qu'il pèse par mètre courant (dans l'eau). Mais la ligne qu'il suit n'est pas la verticale ; il suit, à peu de chose près, une chaînette (1), et c'est dans l'hypothèse de cette courbe qu'il faut calculer la tension.

Je vais indiquer les calculs, laissant les discussions et les développements aux ingénieurs du service des télégraphes qui trouveront l'occasion d'appliquer leurs connaissances mathématiques sur des sujets de cette nature.

Les équations de la chaînette sont :

$$y = \frac{h}{2} \left(e^{\frac{x}{h}} + e^{-\frac{x}{h}} \right), \quad (1)$$

$$s = \frac{h}{2} \left(e^{\frac{x}{h}} - e^{-\frac{x}{h}} \right), \quad (2)$$

$$y^2 = s^2 - h^2, \quad T_0 = ph, \quad T = py.$$

T désigne la tension au point de l'ordonnée y, p le poids du mètre courant; A, l'angle à l'origine avec la verticale ; dans le cas qui nous occupe on a H la profondeur de l'eau. Nous admettons qu'on est maître dans la pratique de l'angle A, et nous déterminerons T en fonction de ces quantités connues

$$y = H + h, \quad \text{d'où} \quad (3) \ h = \frac{s^2 - H^2}{2H}, \quad (7)$$

$$\frac{dy}{dx} = \cot A = \frac{1}{2} \left(e^{\frac{x}{h}} - e^{-\frac{x}{h}} \right). \quad (6)$$

Les équations (6) et (2) donnent $s = h \cot A$, d'où

$$s = \frac{s^2 - H^2}{2H} \cot A, \quad s^2 \cot A - 2 Hs - H^2 \cot A = 0,$$

ou

$$H^2 + \frac{2 s H}{\cot A} + \frac{s^2}{\cot^2 A} = s^2 \left(\frac{1}{\cot^2 A} + 1 \right),$$

$$H + \frac{s}{\cot A} = \frac{s}{\cos A} \text{ ou } s = H \frac{1 - \sin A}{\cos A}, \quad (11)$$

(1) Ne pas oublier qu'on suppose l'état de repos, ou, pour parler plus exactement, d'équilibre.

$$\text{ou } s = H \cot \frac{1}{2}\left(\frac{\pi}{2} - A\right);$$

et en faisant $\quad \theta = \frac{\pi}{2} - A, \qquad s = H \cot \frac{1}{2}\theta,\ (8)$

(7) et (8) donnent

$$h = \frac{H^2 \cot^2 \frac{1}{2}\theta - H^2}{2H} = \frac{H}{2}\left(\cot^2 \frac{1}{2}\theta - 1\right) = \frac{H}{2}\frac{\cos\theta}{2\sin^2 \frac{1}{2}\theta}$$

$$= \frac{H}{2}\frac{\sin A}{\sin^2 \frac{1}{2}\left(\frac{\pi}{2} - A\right)},$$

qu'on peut mettre sous la forme $h = H \dfrac{\sin A}{1 - \sin A}$.

Quant à y, on a

$$y = H + h = H\left(1 + \frac{\sin A}{1 - \sin A}\right) = \frac{H}{1 - \sin A} = \frac{H}{2\sin^2 \frac{1}{2}\left(\frac{\pi}{2} - A\right)}.\ (10)$$

Les formules (4) et (9) donnent

$$T_0 = \frac{p\,H \sin A}{2\sin^2 \frac{1}{2}\left(\frac{\pi}{2} - A\right)} = \frac{p\,H \sin A}{1 - \sin A};\ (11)$$

5) et (10) donnent

$$T_1 = pH \frac{1}{1 - \sin A} = pH + \frac{pH \sin A}{1 - \sin A} = pH + T_0$$

$$= pH \frac{1}{2\sin^2 \frac{1}{2}\left(\frac{\pi}{2} - A\right)}.\ (12)$$

C'est cette dernière équation qui doit nous servir. On voit que, si le câble tombe verticalement, $A = 0$, $T = pH$. La tension, comme nous l'avons dit, est égale au poids du mètre courant multiplié par la profondeur. À mesure que l'angle A augmente, la tension augmente, et elle serait infinie si le câble était tendu horizontalement.

Tous ces calculs ne sont qu'approximatifs, puisqu'ils supposent l'équilibre ; mais l'état du mouvement a peu d'influence (1) et place le câble dans des conditions plus

(1) Il aurait fallu mettre : Mais, quoique l'état de mouvement ait une influence sensible, le câble s'y trouve placé dans des conditions, etc.

favorables , notamment à cause de la résistance de l'eau. Le câble affecte d'abord une forme convexe, par suite de cette résistance de l'eau, puis s'infléchit et prend la forme concave de la chaînette (1).

L'analyse ne peut rendre compte exactement de ce qui se passe dans l'état de mouvement. On peut néanmoins calculer en partie l'effet de la résistance de l'eau. J'indique seulement les calculs :

En supposant que le câble tombe verticalement (sa section circulaire étant horizontale),

$$\frac{M\,dv}{dt} = p - \rho a P v^2 = \frac{p}{g}\frac{dv}{dt},$$

$$\frac{dv}{dt} = g\left(\frac{p - \rho a P v^2}{p}\right), \quad dt = \frac{dv}{g - \frac{\rho P a v^2}{p}} = \frac{dv}{\frac{\rho a P}{p}\left(\frac{gp}{\rho a P} - v^2\right)},$$

$$t\,\frac{\rho a P}{p} = \int \frac{dv}{a^2 - v^2},$$

en faisant $a = \sqrt{\dfrac{gp}{\rho a P}}, \quad a + v = (a - v)\,e^{\frac{2gt}{a}},$

$$v = a\left(1 - \frac{2}{e^{\frac{2gt}{a}}}\right) = \sqrt{\frac{gp}{\rho a P}}\left(1 - \frac{2}{e^{\frac{2t\sqrt{gpaP}}{\sqrt{p}}}}\right),$$

$$a = 10, \quad v = 10\left(1 - \frac{2}{e^{2gt}+1}\right), \quad t = 0, \ v = 0, \ t = 1, \ v = 7,6.$$

La vitesse maximum est donnée par $\dfrac{dv}{dt} = 0, \ v^2 = \dfrac{\rho a P}{p} = 10.$

Les résultats sont calculés pour le câble algérien de l'année dernière, où $a = 282$, $P = 1$, $p = 2$, $\rho = 0,7$, $g = 9,809$.

Nous reviendrons sur la formule (12) lorsque nous parlerons de l'émission du câble ; pour le moment, nous supposons qu'on émette le câble avec assez d'habileté pour qu'il se rapproche beaucoup de la verticale,

(1) Tout bien examiné, je pense qu'on ne sait rien d'exact sur la forme réelle qu'affecte le câble pendant le mouvement.

c'est-à-dire de la condition la plus favorable, et que cet angle A soit de 16°; on aura $T = pH (1,35) =$ la tension égale au poids du mètre courant dans l'eau, multiplié par la profondeur, plus les 35 centièmes de cette quantité, c'est-à-dire, en nombre ronds, augmentée du tiers. Si donc nous avons à passer par 3,000, c'est le poids de 4,000 mètres de câble dans l'eau qui tendra à le rompre.

Le câble qu'on a tenté de poser l'an dernier, entre la Sardaigne et l'Algérie, pesait 2 kilogr. le mètre dans l'eau; il devait passer par 2,000 mètres; la charge à laquelle il devait être exposé était donc de 2,600 fois 2 kilogr., ou 5,200 kilogr., et dans les essais que j'avais provoqués en Angleterre il avait rompu sous le double de ce poids. Il est évident qu'il serait inadmissible de tenter de poser un câble qui, lors des essais, aurait rompu exactement un peu au-dessus de la charge qu'il est censé devoir supporter pendant l'opération. Quant à la proportion qui doit exister entre la rupture à l'essai et la charge probable, les opinions peuvent varier, suivant la prudence de chacun. M. Stevenson, l'ingénieur anglais, voulait le triple; M. le commandant Labrousse, dont il sera question lorsque je parlerai de l'émission, demande seulement moitié en sus; pour moi, autant que j'ai pu juger de l'influence des circonstances qui doivent se présenter sous la pose du câble, je crois qu'il est nécessaire et suffisant de s'arrêter au double. J'ai adopté ce coefficient, qui serait évidemment trop faible pour les travaux ordinaires, tels que les ponts suspendus, mais convenable pour le cas particulier qui nous occupe, où l'élément du temps disparaît. Le câble, une

fois au fond de la mer, n'a plus aucune traction à supporter, et nous n'avons besoin de sa résistance que pendant
la pose, c'est-à-dire, s'il n'y a que de faibles arrêts,
que pendant quelques quarts d'heure.

L'adoption de ce coefficient m'a engagé à conseiller,
l'année dernière, à la Compagnie des télégraphes méditerranéens, de prendre la route de la Galite, par 2,000
mètres au lieu de celle de Bone, par 2,500 mètres.

Le câble transatlantique, que j'ai essayé au Conservatoire, où j'ai été accueilli avec une grande bienveillance
par le général Morin, est exactement dans ces conditions que je désire : il pèse 260 grammes par mètre dans
l'eau ; devant passer par 4,000 mètres, la traction sera
de 5,300 mètres, qui, doublés, font 10,600 mètres, et
10,600 × 360 font 3,816 kilogrammes qu'il aurait dû
supporter à l'essai ; or il a rompu à 3,750 kilogr. (1).

Ces essais de rupture sont moins simples qu'on ne
croit. M. Tresca a bien voulu s'en occuper, et nous
avons eu du mal à arriver à ce que le câble cassât en
son milieu, et non aux points d'attache ; nous avons
réussi en terminant les extrémités en anneaux bien
épissés, entourant un arbre en bois solide de 20 ou 25
centimètres de diamètre. Cet arbre supportait directement tout le système de traction. Nous avons cru
devoir opérer directement par des poids sur un plateau, au lieu des presses hydrauliques et des pesons
ordinairement en usage, ces derniers procédés étant

(1) Tout en reconnaissant que les calculs et les raisonnements ci-
dessus ne sont pas exacts, je serais même aujourd'hui porté à indiquer
encore, faute de mieux, les mêmes moyens pour arriver à prévoir approximativement les efforts qu'aura à supporter le câble et déterminer
les conditions de ténacité auxquelles il doit satisfaire.

sujets à des erreurs de frottement et de comparaisons.

Si l'on veut appliquer ce qui précède à un fil de cuivre nu qu'on jetterait, comme il a été dit plus haut, entre la France et l'Algérie, on voit qu'il aurait à supporter 4,000 mètres de son poids. Or, si nous le supposons de 2 millimètres de diamètre, il pèsera dans l'eau environ 28 grammes par mètre, soit, pour 4,000 mètres, 112 kilogr.; et, comme il rompt à 15 kilogr. environ par millimètre carré de section, il ne pourra supporter que 46 kilogr. au lieu de 112 qui tendront à le casser.

Quel que doive être le coefficient d'essai, la formule (12) nous montre que, toutes choses égales d'ailleurs, la tension est proportionnelle au poids du câble; il ne s'ensuit nullement que, sous le rapport de la résistance, un câble plus léger soit en de meilleures conditions qu'un câble plus lourd. Pour plus de simplicité, nous admettrons, sans trop nous éloigner de la vérité, que le cylindre intérieur, composé du fil de cuivre et de la gutta-percha, a la même densité que l'eau. Cette partie du câble immergé a, pour ainsi dire, perdu tout son poids et elle peut être considérée à peu près comme nulle sous le rapport de la traction (1); il n'y a donc à s'occuper que de l'enveloppe extérieure en fer. Or, si elle est moins forte, elle pèsera moins et aura moins à supporter; mais aussi le nombre de millimètres carrés de sa section aura diminué et la résistance sera moindre, juste dans la même proportion que son poids. Il s'ensuit que, sous le rapport de la résistance à la rupture

21.
Les dimensions sont indifférentes quant à ce qui concerne la résistance.

____

(1) Il est à présumer que par les énormes pressions la gutta-percha sera amenée à la densité de l'eau, et qu'il restera à tenir compte du poids dû au cuivre, mais c'est peu de chose.

par la traction, les dimensions du câble et de l'armature sont presque indifférentes. D'un autre côté, comme dépense, comme encombrement, comme maniement, plus le câble sera léger, plus il sera avantageux. On est donc amené à abandonner ces anciens câbles entourés de barres de fer et à demander des câbles à armures très-légères.

Cette idée, que j'ai émise dès mon retour, en 1855, de la première tentative de la Compagnie méditerranéenne, a prévalu pour la construction du câble transatlantique ; mais je voudrais, si les procédés de fabrication sont assez parfaits pour y arriver, des armatures encore plus minces.

22.
Suppression
de
l'armature.

Il ne manque pas de personnes qui vont plus loin encore dans cet ordre d'idées et qui demandent, d'une manière absolue, la suppression de l'armature. Je ne saurais encore être aussi hardi. Outre que, d'après ce qui vient d'être dit, l'armature peut parfaitement se supporter elle-même, et qu'en outre elle vient en aide par son excès de force aux autres parties du câble (le cuivre, par exemple) qui ne résistent pas suffisamment, les expériences auxquelles j'ai assisté dans la Méditerranée, les visites que j'ai faites dans les usines d'Angleterre, m'inspirent quelque prudence, et il me semble nécessaire de protéger le câble lors de la fabrication, de l'embarquement et de l'émission.

J'admettrai donc une armature très-mince. Le câble sous-marin se composera alors, comme par le passé, sauf les proportions, d'un fil conducteur en cuivre, d'une enveloppe isolante en gutta-percha recouverte de chanvre, le tout recouvert d'une armature en fer.

Le cuivre remplit toutes les conditions exigées par ^{23.} ^{Cuivre.}
l'électricité, et la mécanique l'accepte, quoique, comme
nous l'avons vu, il pèse beaucoup plus qu'il ne résiste ;
aussi, sous ce rapport, plus il sera faible, meilleur il
sera. Pour les petites distances, on pourra abaisser le
diamètre jusqu'à 1 millimètre. Plus mince il n'offrirait
peut-être pas les garanties de bonne fabrication et de
solidité suffisante. Cet inconvénient de ne pas prendre sa
part de la traction qui s'exerce sur tout le câble n'est
pas aussi grand qu'on le croit au premier abord ; il y a
au contraire un grand avantage à ce que le fil de cuivre,
qui est pour ainsi dire l'âme du câble, n'ait rien à faire
dans les efforts matériels et ne se casse qu'après la
rupture de tout le système. C'est ce qui, du reste, est
constamment arrivé dans toutes les expériences que
j'ai faites sur la traction : les fils de fer avaient tous
cassé les uns après les autres que les fils de cuivre
étaient sains encore et que les courants électriques con-
tinuaient à passer librement (1). L'idée de substituer
un faisceau de fils fins à un fil unique n'est pas mauvaise, puisque si, par une raison quelconque, l'un des
petits fils casse, les autres sont là pour faire le service ;
mais ce nombre de 7, adopté pour le câble transatlantique, me paraît trop considérable ; il a forcé à une
masse plus grande de cuivre, à une fabrication plus
difficile : trois fils me paraîtraient suffisants.

La gutta-percha isole parfaitement, et elle jouit de ^{24.} ^{Gutta-percha.}
la qualité très-précieuse de rester inaltérable dans l'eau

----

(1) Tout ceci est, je crois, contraire aux opinions émises par
M. Beaudouin dans les notes qu'il a adressées dernièrement à l'Aca-
démie des Sciences.

de mer, tandis qu'à l'air, et surtout à la lumière, elle devient friable, cassante, et tombe en morceaux. Mais elle est d'une fabrication difficile et d'un prix élevé (de 5 à 6 fr. le kilogr.); il faut de plus la faire venir des Indes, et l'approvisionnement est limité. Il serait donc fort utile de trouver quelque matière qui pût la remplacer. Les gommes, la gomme élastique, par exemple, jouiraient certainement des propriétés ci-dessus (1); mais on n'a pu jusqu'à ce jour parvenir à la faire adhérer complétement au fil intérieur; d'autres fondent trop facilement sous la chaleur; en outre toutes ces gommes sont chères; il faudrait utiliser des substances plus communes, les fécules, par exemple. On a essayé aussi du mélange de plusieurs matières, parmi lesquelles on pourrait même comprendre la gutta-percha. Si l'un de ces mélanges remplissait les conditions voulues, sauf qu'il manquerait de consistance, on pourrait, comme me l'a indiqué M. Graham, le grand-maître de la monnaie royale d'Angleterre, essayer les résidus de cocons de soie non utilisés dans les fabriques. Il faudrait seulement examiner si l'eau de mer n'attaquerait pas cette dernière partie du mélange et si l'on résisterait aux grandes pressions (2).

J'indique seulement le champ des recherches; mais je pense que l'administration des lignes télégraphiques pourrait charger quelque chimiste de ces études utiles; avec des tâtonnements il arriverait certainement à trouver un mélange convenable.

(1) Nous avons fait quelques essais, M. Galy-Cazalat et moi, avec la gomme élastique; mais nous ne les avons pas assez suivis et nous ne sommes arrivés à rien de satisfaisant.

(2) L'appareil de M. Froment serait fort utile pour essayer ces divers mélanges.

Le filin a principalement pour but de servir d'intermédiaire entre la gutta-percha, qui est tendre, et le fer, qui est dur ; il tend à rendre solidaires les différentes parties du câble. On doit d'abord le tresser en une ligne mince et ensuite l'appliquer sur le cylindre de gutta-percha par les mêmes procédés mécaniques employés pour appliquer les fils de fer de l'armature, un certain nombre de ces torons passant par les trous d'une plaque qui tourne en même temps que le cylindre de gutta-percha s'avance par le centre. C'est ainsi que se fait le travail dans la fabrique de M. Nerwall, à Birkenhead, près Liverpool. Chez M. Glass, à Greenwich, un seul toron de filin s'enroule par anneaux successifs perpendiculaires à l'axe, ce qui, à mon avis, entre autres inconvénients, diminue la résistance du filin. Chez M. Nerwall il y a de plus, dans le tambour qui précède la plaque, un système qui presse et condense le filin contre la gutta-percha.

Il faut aussi faire grande attention à la manière dont on goudronne ce filin. Lors de la pose du câble entre la Sardaigne et l'Algérie, par les grandes profondeurs, les spirales s'allongeaient d'une manière sensible et pressaient fortement le cylindre intérieur. Le goudron suintait alors abondamment par les interstices de l'armature, ce qui offrait de graves inconvénients. On peut faire en sorte que le goudron employé ne se liquéfie qu'à chaud ; je crois que l'on pourrait employer avec succès la glu marine.

L'armature en fer a presque uniquement pour but de protéger le câble jusqu'à ce qu'il soit arrivé au fond de la mer. Dans les grandes profondeurs, les seules dont nous nous occupons, le câble tombe sur le sol avec une vitesse peu considérable ; il s'y dépose, et même s'y enfonce s'il y rencontre des matières molles, comme de la vase ; l'armature peut dès ce moment être considérée comme inutile. Quant aux dangers provenant de corps étrangers, il reste seulement à se préoccuper de l'action de l'eau de mer, des coquilles, des coraux, etc. Le pire qui puisse arriver est que l'armature disparaisse entièrement, et je n'y verrais guère d'inconvénient, vu l'inaltérabilité de la gutta-percha dans l'eau de mer (1). Mais je croirais plutôt qu'il se produirait un effet contraire ; dans mon opinion, le fer s'oxyderait, s'encroûterait de vase, de coraux, de coquilles, et, au bout d'un temps peu considérable, la gutta-percha se trouverait armée non plus de fils de fer, mais d'une enveloppe informe composée d'oxyde de fer et de corps quelconques amenés auprès d'elle par les travaux capricieux de la nature.

Le rôle de l'armature étant ainsi défini, il y a lieu de considérer sa résistance à la rupture par la traction, sa souplesse (nécessaire lors de l'émission), les difficultés de fabrication, et subsidiairement la dépense. La résistance à la rupture dépend de la qualité du fer d'abord, et ensuite de la disposition des fils. Le fer doit-il être recuit, ou non ? Non recuit, il est plus fort ; recuit, il est plus souple. Aussi y a-t-il un parti moyen à prendre : c'est de le recuire, mais à peine, et à une chaleur très-faible. On procède ainsi dans l'usine de M. Johnson, à Manchester, où j'ai suivi la fabrication des fils de fer destinés au câble transatlantique, et qui,

____

(1) La gutta-percha paraît avoir été créée exprès pour la télégraphie sous-marine.

en raison de la qualité de ses produits, fait payer le fer
400 fr. la tonne au lieu de 200 fr. qui est le prix ordinaire. Les fils sont recuits deux fois très-modérément,
et au charbon de bois, dans les intervalles des passages
à la filière. C'est aussi en employant une chaleur très-
modérée qu'il parvient à galvaniser le fer sans lui rien
ôter de ses qualités résistantes.

Le fer employé pour les câbles sous-marins doit
être essayé à 60 kilogr. par millimètre carré ; c'est
dans ces conditions que la maison Newall accepte ses
fers. Le câble américain, dans les expériences que nous
avons faites au Conservatoire, n'a rompu qu'à 70 kilogr.
Celui qu'on a tenté de poser l'année dernière, entre la
Sardaigne et l'Algérie, n'avait supporté, dans les essais
préliminaires, que 41 ou 42 kilogr. par millimètre
carré, ce qui indiquait peu de soin dans le choix du fer.

On emploiera donc un fil de fer modérément recuit
et essayé à 60 kilogr. par millimètre carré, et les armatures seront très-légères. La disposition de ces fils a
une grande importance ; comme résistance, il est évident que plus ils se rapprocheront d'être parallèles
aux arêtes du cylindre, plus ils seront en de bonnes
conditions pour la solidité. D'un autre côté on ne peut
pas les placer ainsi, car ils ne tiendraient pas tout
seuls ; c'est ce qui a amené à les disposer en spirale.
Cette construction, outre qu'elle dispense de fils accessoires pour maintenir les uns contre les autres ceux qui
touchent le filin, a l'avantage de rendre le câble plus
souple, et, quant à ce qu'on perd sous le rapport de la
force, en s'éloignant du parallélisme à l'axe, on le re-
gagne certainement en ce sens que, sous la traction,

les spirales s'allongent, pressent davantage les parties intérieures du câble, les rendent toutes solidaires et les forcent à concourir à la résistance.

Par la même raison que le parallélisme à l'axe donne les conditions les plus favorables, la plus mauvaise disposition est celle qui enroule le fer en anneaux perpendiculaires à l'axe ; car, dans ce cas, il pèse autant que dans les autres et résiste beaucoup moins. C'est ainsi qu'était construit le premier câble dont il ait été question pour les lignes sous-marines, celui proposé en 1839 par M. Weathstone. Tels étaient aussi les échantillons, que j'ai vus au ministère de l'intérieur et chez M. Leverrier, du câble proposé par M. Ballestrini. Dans ce câble, après le filin venaient quelques fils (huit, je crois) de fer de 2 millimètres, et par-dessus ces huit fils un enroulement continu d'anneaux perpendiculaires à l'axe, qui pesaient beaucoup et résistaient fort peu. L'erreur qui avait présidé à la composition de ces deux câbles est du reste excusable, quant à ce qui concerne M. Weathstone, qui parlait le premier d'une question difficile et qui d'ailleurs ne destinait son câble qu'à traverser la Manche.

J'ai fait plusieurs expériences sur divers systèmes d'armatures : des armatures simples de 1 ou 2 millimètres de diamètre, à pas différents, à pas diversement allongés, jusqu'à $1^m,50$, et maintenus par un seul fil en spirale de quelques centimètres. J'ai essayé aussi des armatures composées de deux couches de fil : l'une intérieure, presque rectiligne ; l'autre extérieure, semblable à celle en usage, et j'en suis revenu à l'armature employée jusqu'aujourd'hui et composée d'une seule couche de fils de fer en spirale ; il n'y a de changé que la dimension de ces fils.

On a imaginé, pour le câble transatlantique, d'em-ployer des fils de fer très-fins qui, réunis en torons, en forment un exactement de la dimension qu'auraient eue les fils uniques de l'ancien système. Ce sont dix-huit torons, composés chacun de sept fils de $0^{mm},75$ environ, qui forment l'armature. On a ainsi un câble très-souple, et on diminue les chances de rupture qui proviendraient d'un défaut dans la matière pre-mière. Je n'apprécie pas beaucoup ce dernier point, à cause des soins qui doivent être apportés à la fabrication, et quant à la souplesse, je regrette qu'elle soit aussi grande. Les anciens câbles, si exagérés dans les dimensions du fer, étaient presque aussi souples qu'il le fallait pour l'émission, et, comme nous faisons l'armature très-légère, cette souplesse sera nécessairement beaucoup plus grande; nous avons pu reconnaître le fait sur un échantillon de câble de même dimension que le transatlantique, et pour le-quel les faisceaux de petits fils ont été remplacés par des fils uniques d'un diamètre égal à celui des torons formés de plusieurs fils (1). Cette adoption des torons de petits fils rend la fabrication beaucoup plus diffi-cile. La gutta-percha est recouverte beaucoup moins exactement que par les simples fils ; de plus, on aug-mente ainsi la dépense de 25 p. % environ, et, comme l'armature du transatlantique coûte 124,000 livres,

30
Câble trans-
atlantique.

—————

(1) Ce câble est celui qui est posé aujourd'hui entre Cagliari, Malte et Corfou.

3.

c'est 31,000 livres , soit 775,000 francs , qu'on a dépensés à peu près inutilement.

Je préfère, pour mon compte, l'armature à simples fils ; seulement je la voudrais plus mince encore que 2 millimètres. J'ai prié M. Newall de revêtir son fil double, enveloppé de gutta-percha, de fils de $1^{mm},5$: c'est la plus petite dimension que lui permette son outillage actuel ; nous aurons ainsi 24 fils pour la couche de fer. Je désirerais aller au moins jusqu'à 36 ; le pas de l'hélice serait de 25 centimètres environ.

Le câble ainsi construit est celui que je proposerais d'adopter pour la ligne directe d'Algérie, si on la décide, et même pour celle de Sardaigne en Algérie, si on proroge encore la convention de la Compagnie des télégraphes méditerranéens.

En Angleterre, la confection des câbles sous-marins se compose de deux parties distinctes. Le cuivre est entouré de ses trois couches de gutta-percha dans la fabrique de la Compagnie de gutta-percha. C'est un magnifique établissement, possédant d'excellentes machines, des ouvriers exercés à ce genre de travail, qui n'a jamais, je crois, été exécuté ailleurs. M. Stytam, le chef de cette fabrique, s'y entend au mieux et arrive à de très-bons résultats pour la pureté de la gutta-percha, son adhérence au fil, le centrage exact de celui-ci, la bonne exécution des soudures, etc., etc.

De cet établissement, dont les magasins sont baignés par un des canaux de la Tamise, les cylindres de gutta-percha, renfermant le fil conducteur, sont envoyés dans les usines chargées de l'armature.

Deux maisons s'occupent de cette fabrication : la

maison Newall, à Birkenhead, et la maison Glass, à Greenwich. C'est la maison Glass qui a fourni les câbles de la Compagnie des télégraphes méditerranéens. Ces deux maisons sont actuellement chargées chacune de la moitié du câble transatlantique.

Dans les marchés à intervenir on pourrait se guider sur le prix du câble transatlantique, dont la construction revient à 100 livres le mille anglais ou 1 franc 50 cent. le mètre.

Le câble dont j'ai commandé quelques mètres à la maison Newall, dans les conditions exposées plus haut, ne reviendrait pas aussi cher; du reste, on pourra calculer approximativement, suivant les dimensions, à 4 francs le kilogramme pour le cuivre, 6 francs pour la gutta-percha, et $0^f,85$ cent. pour le fer, main-d'œuvre comprise.

Ce câble est celui dont je conseillerais l'adoption; néanmoins ces questions sont toutes nouvelles, et il serait utile d'étudier tous les systèmes possibles, et surtout ceux des câbles sans armature. J'avoue sincèrement que je crois être trop prudent en proscrivant les câbles désarmés, et, si le Gouvernement consentait à faire une belle expérience, je l'engagerais fort à exposer 150,000 francs pour avoir une ligne directe de France en Algérie. Je suis convaincu qu'on réussirait avec un câble composé d'un fil de cuivre de 1 millim., recouvert d'une couche de gutta-percha de 1 millim., le tout enveloppé de filin de 2 millimètres. Le cuivre pèserait 8 grammes par mètre, et coûterait $0^f,032$ par mètre; la gutta-percha pèserait 12 gramm., et coûterait $0^f,072$; total du câble par mètre, $0^f,14$. Pour un million de mètres, ce serait 140,000 fr., et, si on ne voulait tenter l'expérience que de Bone à Cagliari, la distance n'étant que le tiers, on n'exposerait que 50,000 fr.

Ce fil serait dans de bonnes conditions comme résistance à la traction. Le filin suffirait de reste pour tout supporter, car il aurait $10^{mm},9$ de surface; le cuivre, seule partie du câble qui ait un poids dans l'eau, pèse $7^{gr},5$ environ; ce qui, pour 4,000 mètres, donne 30 kilogrammes au plus, et par conséquent 3 pour chaque millimètre carré du filin; et je n'ai rien compté pour le cuivre, ni même pour la gutta-percha, qui ne sont pas sans résister quelque peu (1). Je n'ai pas besoin de rappeler que tout ceci ne s'applique qu'aux grandes profondeurs; il est évident que pour les petites on en ploiera des câbles armés contre les roches, l'agitation des vagues, et surtout contre les ancres des navires. J'estime qu'on devra mettre de forts câbles jusque vers 400 mètres de profondeur, ce qui sera au reste généralement assez éloigné de terre. Le modèle à adopter me paraîtrait devoir être celui qui a été construit pour le dernier essai de Sardaigne en Algérie, c'est-à-dire avoir

---

(1) M. L. Halphen, ancien élève de l'École polytechnique et ancien ingénieur hydrographe de la marine, qui a suivi avec moi les essais de câbles au Conservatoire, a fait quelques expériences sur l'élasticité et la ténacité de la gutta-percha, expériences d'autant plus intéressantes que M. Wertheim avait bien voulu nous aider de ses précieux conseils. M. Halphen est arrivé aux résultats suivants : les allongements restent sensiblement proportionnels aux poids, jusqu'à un poids de $0^k,7$ par millimètre carré; le coefficient d'élasticité est de 19,50. La gutta-percha, dans son état normal, présente une ténacité d'environ 2 kilogr. par millimètre carré; on peut d'ailleurs à ce sujet prendre connaissance du fait remarquable énoncé à la fin de la note suivante (expériences du 12 août).

une armature de fils de fer de 5 à 6 millimètres de diamètre.

Ajoutons enfin que le câble, reposant au milieu de grandes profondeurs, et qui a coûté tant d'argent et de peines, doit être indépendant de celui qui, par les petits fonds, est, malgré toutes les précautions, exposé aux accidents de rupture. Il faut que, si le câble près de terre se rompt, on ne soit pas forcé de le relever, ce qui ne serait pas toujours possible. Mais cette question appartient au chapitre suivant, qui traite de l'émission du câble.

IV

ÉMISSION DU CABLE.

Je parlerai d'abord d'un Mémoire de MM. Breton et de Rochas, tendant à démontrer qu'il est impossible de poser par des profondeurs un peu considérables un câble armé de fer.

Ce Mémoire, qui a excité un grand intérêt, a été soumis à plusieurs examens; mais comme les auteurs, qui proposaient des procédés particuliers, avaient en vue des concessions du Gouvernement ou des opérations commerciales, ils ont demandé le secret, et je n'ai pu avoir à ce sujet qu'un rapport très-succinct de M. Leverrier, que m'a communiqué l'administration des lignes télégraphiques. J'ai pu, à l'aide des bases indiquées dans ce rapport, reconstruire en partie le travail de ces messieurs, et je vais en donner un aperçu; il est très-séduisant comme analyse.

Le point de départ est que la tension doit être maintenue constante pendant la pose. Le câble décrit alors une suite de chaînettes que nous allons examiner.

Reportons-nous aux équations de la page 24.

Soit $\quad e^{\frac{x}{h}} = u \quad$ où $\dfrac{x}{h} = \log \text{nép} (u)$,

on a (6) $\quad \cot \dfrac{1}{2} A = \dfrac{1}{2}\left(u - \dfrac{1}{u}\right) = \dfrac{1}{2}\left(\dfrac{u^2 - 1}{u}\right)$,

d'où $\quad u = \cot A + \sqrt{1 + \cot^2 A} = \dfrac{1 + \cos A}{\sin A} = \cot \dfrac{1}{2} A ,$ $\quad$ (13)

d'où $\qquad x = h \log \text{nép} \cot \dfrac{1}{2} A, \quad$ et, en vertu de (9),

$$x = \dfrac{H \sin A}{2 \sin^2 \dfrac{1}{2}\left(\dfrac{\pi}{2} - A\right)} \log \cot \dfrac{1}{2} A. \quad (14)$$

Considérons toutes les chaînettes pour lesquelles la tension maximum donnée par l'expérience est T_1 et correspond à $y = H_1$; ces chaînettes seront comprises dans l'équation $H_1 = \dfrac{h}{2}\left(e^{\frac{x}{h}} + e^{-\frac{x}{h}}\right)$, en vertu de (9) et de (13)

$$H = H_1 \dfrac{\sin A}{1 - \sin A} \left(\cot \dfrac{1}{2} A + \tang \dfrac{1}{2} A\right) = \dfrac{H_1}{1 - \sin A} ,$$

d'où $\qquad H = H_1 (1 - \sin A) ,$

qui, mis dans (14), donne $\quad x = H_1 \sin A \log \cot \dfrac{1}{2} A. \quad (15)$

Mettant $\sin A$ en fonction de $\cot \dfrac{1}{2} A$,

$$x = 2 H_1 \dfrac{\cot \dfrac{1}{2} A}{1 + \cot^2 \dfrac{1}{2} A} \log \cot \dfrac{1}{2} A = 2 H_1 \dfrac{u}{u^2 + 1} \log u. \quad (16)$$

Prenons (15) et faisons varier A de 0 à 90°;

$$\text{pour } A = 90°, \quad x = H_1 \log (1) = 0 ;$$

$$\text{pour } A = 0 , \quad x = 0 \log \dfrac{1}{0} = \dfrac{0}{0}.$$

Or, en développant (16) $\quad \dfrac{u}{u^2 + 1} \log u$,

on a $\qquad \dfrac{u}{u^2 + 1} \log u = \dfrac{\dfrac{1}{u}}{\dfrac{1}{u^2} + 1} \left((u - 1) - \dfrac{(u - 1)^2}{2} \dots\right).$

Différencions (15) pour avoir le maximum, il vient

$$\dfrac{u^2 + 1}{u^2 - 1} = \log \text{nép} u.$$

On arrive par tâtonnements à la valeur de u qui satisfait à cette équation.

$$u^2 - 1 = \alpha, \quad \log u = \frac{1}{2} l\,(1 + \alpha), \quad l\,(1 + \alpha) = 2\,\frac{\alpha + 2}{\alpha};$$

faisant successivement $\alpha = 1$, 2, etc., etc.,

on arrive à $u = 3,32 = \cot\frac{1}{2}A$, d'où $A = 35^{\circ}\ 24'\ 20''$;

pour cette valeur maximum de x on a $T_1 = \dfrac{pH}{2\sin^2\frac{1}{2}\theta} = pH_1$,

d'où (17) $H = H_1\ 2\sin^2\frac{1}{2}\theta$, où $H = 0,1483$ (17).

C'est à ce point maximum donné par cette valeur de u qu'il n'est plus prudent de passer d'une chaînette à une autre, sous peine de trouble et d'instabilité. H, la profondeur de l'eau qu'il ne faut pas dépasser, est donnée par l'équation finale (17); c'est-à-dire qu'il ne faut aller que par une profondeur moitié moindre que celle pour laquelle le câble paraissait convenable.

Ainsi, pour le câble américain, que nous avons vu être suffisant pour passer par 5,500 mètres, il ne faudrait pas essayer de lui faire franchir plus de 5,500 (0,4483), soit 2,400 mètres environ.

Le câble posé l'année dernière de Sardaigne en Algérie, qui a passé par 2,000 mètres, n'aurait dû être exposé que par environ 1,000 mètres de profondeur.

Le vice que j'ai cru reconnaître dans ce travail est dans le point de départ. Je ne vois pas la nécessité d'avoir toujours cette tension constante, seule origine de cette suite de courbes au milieu desquelles on rencontre un point de rebroussement; pourvu qu'on n'arrive pas à la tension qui déterminerait la rupture, c'est tout ce qu'il faut.

33.
Insuffisance de la théorie. Si on devait chercher des règles pratiques dans les indications de l'analyse, je procéderais autrement; je

prendrais la formule (12) de la p. 23, et je dirais : Si
T_1 est la tension sous laquelle le câble a rompu lors des
essais préliminaires, $\frac{T_1}{2}$ sera la tension maximum à laquelle il faudra que le câble soit soumis; on a :

$$T_1 = \frac{pH}{2 \sin^2 \frac{1}{2} \left(\frac{\pi}{2} - A \right)},$$

d'où $A = (18)$.

Cet angle A dépend de la vitesse du bâtiment et de
la vitesse de chute du câble ; faisons en sorte pendant la
pose qu'on ait A inférieur à cette valeur donnée par (18),
et tout sera dit. Or A est déterminé à chaque instant
par la connaissance que donnent les sondages de la profondeur H, seule quantité variable dans le second
membre de l'inégalité.

Malheureusement, dans les travaux de cabinet,
quelque ingénieux et précis qu'ils soient, on ne peut
toujours prévoir ce qui se passera dans la pratique.

Quant au Mémoire de MM. Breton et de Rochas, en
outre de toutes les objections possibles, il y a à dire
simplement que, l'an dernier, un câble défectueux (puisque le fer ne supportait que 41 kilogr. au lieu de 60) a
passé par 2,000 mètres de profondeur.

Et quant à cet angle A au moyen duquel je croyais
fermement, avant le second essai de la Méditerranée,
qu'on pourrait opérer la pose en toute sécurité, il n'y
a pas lieu d'y compter davantage. J'avoue humblement
que j'y ai été pris; seulement je me console en pensant
que tous les gens compétents à qui j'en avais parlé
d'avance y ont été pris comme moi.

En théorie, il n'y a rien à objecter; en pratique, il

arrive qu'on ne peut observer cet angle A. Ce serait tout simple si, comme je l'avais pensé, le câble, en sortant du bâtiment, était tendu et affectait dès l'origine la forme de la chaînette ; mais il n'en est pas ainsi. Au sortir du bâtiment, le mouvement de celui-ci, l'agitation de la mer, la résistance de l'eau s'opposent à ce que le câble affecte la position normale ; il ne la prend qu'à une certaine profondeur ; ce n'est peut-être qu'à une centaine de mètres sous l'eau que commence la courbe normale et que se montre l'angle A.

Il y a donc lieu de se guider, non d'après l'angle A, qu'on ne voit pas, mais d'après la tension ; ce qui n'implique nullement la nécessité de cette tension constante que demandent MM. Breton et de Rochas.

34.
Système
d'émission
proposé par
le
commandant
Labrousse.

L'émission du câble n'est pas une question de pure théorie, mais presque entièrement une question de pratique, question fort délicate, compliquée de mécanique et de marine. Aussi n'ai-je pu mieux faire que de m'adresser à M. le capitaine de vaisseau Labrousse pour la résoudre, ou du moins pour venir en grande aide à mon expérience et aux études que j'ai faites à ce sujet. Je transcris ici un extrait du rapport que j'ai adressé le 29 novembre dernier à M. le ministre de l'intérieur, après les conférences que j'avais eues à ce sujet avec M. Labrousse, rapport dans lequel j'exposais les conditions de l'émission dans le cas de la pose directe d'un câble entre la France et l'Algérie.

Les questions que j'ai posées à M. Labrousse sont les suivantes :

1° Quelle est l'espèce de bâtiment qu'il y aurait lieu d'affecter à la pose du câble ?

2° Quelles dispositions faudrait-il prendre à cet effet en ce qui concerne le bâtiment lui-même ?

3° Combien de temps faudra-t-il pour que le bâtiment fût prêt ?

4° Quel système de machineries serait convenable pour l'émission du câble ?

5° Combien de temps et d'argent demanderaient ces machineries ?

M. Labrousse pense qu'un vaisseau à vapeur est le bâtiment convenable, à cause du poids énorme du câble et de ses accessoires (300 à 1,000 tonneaux environ) qu'il faut mettre sur le pont ; à cause, en outre, de sa stabilité sur l'eau, stabilité très-précieuse pendant l'opération ; enfin à cause des facilités qu'un vaisseau seul présente pour le système d'émission dont il sera parlé plus bas. Il faut de plus que le bâtiment possède une machine d'une manœuvre facile et sûre, et que son pont présente un grand développement. Les dispositions à prendre sont fort simples ; le bâtiment reste tel qu'il serait dans les circonstances normales, sauf que l'artillerie serait à terre et la mâture réduite presque au mât de misaine. Les machineries seraient sur le pont et ne le modifieraient pas, puisqu'il suffirait d'établir des points d'appui solides sur les plats-bords. Il faudrait trois mois à partir du commencement des travaux pour que le bâtiment fût disposé pour l'opération.

Les opinions qu'a émises à ce sujet M. Labrousse sont des plus importantes.

M. Labrousse, tout en reconnaissant les difficultés très-grandes que présente une opération si délicate, admet avec confiance qu'on pourrait poser un câble qui dans les essais aurait supporté avant la rupture moitié en sus de la charge qu'il aura à subir pendant l'opération, soit, pour le cas où l'on adopterait le câble dont il est parlé plus haut, 2,000 kilogr. environ, et nous arriverons certainement à construire un câble qui remplisse ces conditions. Il admet de plus qu'un cinquième en plus de la ligne directe est suffisant pour parer aux pertes probables du câble lors de la pose.

**36.
Machinerie.** Mais cette confiance de M. Labrousse repose sur le système qu'il présente pour l'émission du câble. Ce système consiste principalement à enrouler complétement le câble sur des treuils, ce qui évite les torsions toujours préjudiciables à la solidité et aussi tendant à la formation des coques qui entraîneraient presque infailliblement la rupture. On pourrait, il est vrai, parvenir au même résultat en levant le câble en S, mais alors l'espace nécessaire serait de beaucoup plus grand que celui dont on peut disposer à bord de quelque navire que ce soit (1).

Ainsi 5 treuils, de 4 mètres de diamètre, dont 2 mètres de tambour, et de 13 mètres de largeur, porteraient chacun 160,000 mètres environ de câble, soit 114 tonneaux.

Nous nous sommes en outre préoccupés, M. Labrousse et moi, des freins, des indicateurs constants de la tension, des procédés à employer pour la modération

---

(1) M. Labrousse a examiné cette question avec soin, et il admet qu'en disposant convenablement les plis du câble on trouverait un espace suffisant à bord d'un vaisseau.

de la vitesse du navire, de la sécurité du câble lors des temps d'arrêt des joints, etc., etc.

J'ai toujours émis l'opinion que la meilleure solution du problème consisterait à assimiler l'émission du câble à celle d'une ligne de loch, et le système de M. Labrousse est, autant que possible, la réalisation de cette idée; mais j'ai toujours été arrêté par la frayeur que me causent ces masses énormes de treuils, la difficulté de régler leurs mouvements, les pressions extraordinaires qu'ils auront à subir et les conditions anormales dans lesquelles le bâtiment sera placé.

M. Labrousse pense, au contraire, que ce système est très-praticable, à condition toutefois qu'on adopte les diverses dispositions de détail dont il m'a entretenu. Je ne puis qu'admettre, sur des matières qui ne sont pas de ma spécialité, les idées d'un officier qui est considéré comme compétent.

Néanmoins, l'émission du câble par des treuils, quoi qu'on puisse me dire, m'effrayera toujours. Le commandant Labrousse n'est cependant pas le seul de son opinion; M. Dupuy de l'Hôme, notre ingénieur des constructions navales, et M. Froment m'ont aussi parlé avec confiance de la possibilité de cette opération (1). Il me semble qu'il vaudrait mieux essayer de se passer de ces énormes et dangereuses machines, avec lesquelles le moindre arrêt serait fatal. Le principal

57. Objections contre ce système.

____

(1) Il ne faut pas oublier qu'à l'époque où ces idées ont été émises on n'avait pu réussir encore à poser un câble par de grandes profondeurs, et qu'il était naturel de chercher des systèmes en dehors de ceux essayés jusqu'alors.

danger consiste dans les torsions du câble résultant de la manière dont il est lové à bord; chaque tour produit une torsion, et, pour de grandes profondeurs, ces tours successifs, s'ajoutant les uns aux autres, impriment au câble une grande tendance à se tordre et à se déformer, et à faire des coques. On pourrait, il me semble, éviter ces torsions de plusieurs manières. Ainsi, pour le câble qui irait directement de France en Algérie, qui n'aurait que 1,000 kilomètres de longueur et qui serait d'une très-faible dimension, peut-être trouverait-on moyen de le lover en S, en choisissant un navire assez grand; et même, si un seul navire ne suffisait pas, on pourrait en prendre deux, qui, comme cela se pratiquera pour le câble transatlantique, iraient ensemble à mi-distance des deux points à relier et partiraient chacun de leur côté en posant le câble.

38. Moyen de remédier aux torsions. Même en lovant le câble comme à l'ordinaire, sur un seul navire, on pourrait, je pense, à chaque tour qu'on le déroulerait de la cale, lui imprimer un mouvement tel que la torsion produite par ce tour serait annulée. Lors de la pose du fil de Varna à Balaclava, par de faibles profondeurs, il est vrai, une machine spéciale, imaginée par M. Gordon, soulevait le câble et le détordait à chaque tour. Malheureusement cette machine était démontée quand je suis allé à Newcastle visiter la fabrique de M. Newall; mais j'ai vu dérouler les câbles de cette façon à main d'homme, et l'expérience m'a paru concluante (1).

(1) J'ai abandonné ces idées, surtout après les entretiens que j'ai eus avec M. Rerch, directeur de l'École du Génie maritime, sur les torsions et les divers systèmes employés pour lover le câble.

Les faibles dimensions que nous donnons à ces câbles rendent l'émission beaucoup plus facile ; néanmoins son poids est encore un grave inconvénient. On s'explique comment bien des personnes, pour se débarrasser de cette difficulté, en ont été amenées à demander la suppression de l'armature.

D'autres ont cherché à alléger le câble au moyen de substances additionnelles plus légères que l'eau. Un grand nombre de propositions ont été faites en ce genre. Une observation qu'il est bon de présenter, c'est que, à moins d'y avoir pourvu, toutes ces substances, du bois, par exemple, une fois rendues à quelques centaines de mètres, seraient soumises à d'énormes pressions, imprégnées par l'eau de mer, et auraient la même densité qu'elle. Il faut aussi considérer que ces matières allégeantes auront un volume considérable, et que déjà on est bien assez encombré par le câble. Enfin, feront-elles dès l'abord partie du câble, ou les lui ajoutera-t-on pendant la pose ? Dans le premier cas, le câble ne peut plus se lover ni s'émettre avec la même netteté : il se trouve engagé de tous côtés et peu maniable ; dans le second, les procédés à employer deviennent fort difficiles et la place peu commode à trouver.

Une idée fort ingénieuse, mais impraticable selon moi, était celle de M. Ballestrini, qui n'admet pas la possibilité de la pose des câbles armés. Je n'ai pu l'amener à faire fonctionner son câble devant moi ou même à me le montrer ; mais il m'a dit qu'il mettait, par intervalles, le long du cylindre en fer (ce fer en anneaux, dont il a été question au chapitre précédent, des parachutes fermés. Quand le câble, partant du na-

39.
Substances
allégeantes.

40.
Système
de M. Balles-
trin

4

vire, venait à rencontrer la surface de l'eau, le parachute s'ouvrait au moyen d'un petit système. Je n'ai pas à entrer dans beaucoup de détails sur ce projet; seulement je doute que les parachutes rencontrent l'eau de façon à s'ouvrir, et qu'ils conservent cet air, puis que l'outillage intérieur, qui doit être très-délicat, résiste aux efforts qu'il a à supporter de la part de l'eau, et surtout de la part du câble, qui presse par son propre poids quand il est lové. Puis, comment ces parachutes se conduiront-ils sur le treuil où s'enroule le câble avant de quitter le bâtiment (1)? etc.

En résumé, s'il fallait choisir entre se passer d'armature ou employer des substances allégeantes, je préférerais le premier parti; mais je pense que jusqu'aux profondeurs de 5,000 mètres il n'y a pas péril en la demeure, et dans mon opinion la pose du câble transatlantique, par exemple, offre de grandes chances de succès s'il est construit pareil à l'échantillon que j'ai entre les mains, et surtout si l'émission est bien dirigée.

____

(1) Il a été fait quelques essais de parachutes ajoutés au câble, à bord de *l'Elba*, qui a posé le câble entre l'Algérie et la Sardaigne; mais ces essais n'ont pas réussi.

DEUXIÈME PARTIE.

POSE DU CABLE TRANSATLANTIQUE

ENTRE L'IRLANDE ET TERRE-NEUVE.

AVERTISSEMENT.

Ce travail sur les opérations de la pose du câble transatlantique est textuellement celui que j'ai rédigé à bord du *Niagara*, le 13 août 1857, et adressé à M. le contre-amiral Mathieu, directeur général du Dépôt des cartes et plans.

Avril 1858.

IIme PARTIE. — POSE DU CABLE TRANSATLANTIQUE

ENTRE L'IRLANDE ET TERRE-NEUVE.

I

OPÉRATIONS PRÉLIMINAIRES.

Autant que je puis le savoir, la première affirmation de la praticabilité de la pose d'un câble télégraphique à travers l'Atlantique est due au professeur Morse, qui, en août 1843, a adressé, sur ce sujet, une lettre au secrétaire de la trésorerie des États-Unis.

Mais il était nécessaire, pour qu'une entreprise aussi hardie inspirât quelque confiance, que l'on eût déjà l'expérience de câbles sous-marins posés dans des conditions moins difficiles. C'est la France, en 1851, qui a eu l'honneur de patroner le premier câble sous-marin, celui de Douvres à Calais, et c'est l'Empereur, personnellement, qui seul a accueilli la télégraphie sous-marine, contrairement aux idées peu favorables du gouvernement et des ingénieurs anglais.

Depuis, d'autres lignes ont été établies, et on a franchi de plus grandes distances et de plus grandes profondeurs.

Il a fallu, néanmoins, toute la grandeur du résultat, en cas de succès, pour séduire les esprits au point de faire sortir le projet des domaines de la théorie, et de le produire escorté des millions nécessaires à son exécution. Celui qui a mené cette affaire au point où elle en est est M. Cyrus Field, des États-Unis, le grand promoteur de l'œuvre, qui a déployé en cette occasion une activité, une persévérance et une habileté au-dessus de tout éloge.

2. Position financière. La Compagnie a été formée le 6 novembre 1856, au capital de 350,000 livres, qui ont été souscrites dans la première semaine de décembre; de plus, le gouvernement anglais et celui des États-Unis se sont engagés à payer chacun, pendant vingt-cinq ans, un subside de 14,000 livres, tant que le dividende n'atteindrait pas 6 p. 100, et de 10,000 ensuite; de plus ils fournissaient toute aide et assistance pour l'opération de la pose.

3. Difficultés premières à prévoir. Avant de lancer aussi intrépidement ces capitaux, il avait fallu se préoccuper de deux choses. Premièrement, sous le rapport électrique, il fallait constater la possibilité de faire passer des signaux à travers un câble sous-marin d'une longueur aussi considérable ; secondement, au point de vue de la pose elle-même du câble, il fallait s'assurer si les profondeurs n'étaient pas trop grandes pour que le fil conducteur, quel qu'il fût, résistât à la tension qu'il aurait à supporter, ne fût-ce qu'en raison de son poids.

Les questions électriques, en ce qui concerne les câbles sous-marins, sont des plus compliquées. Le câble
dans l'eau constitue une immense bouteille de Leyde,
et il se produit des phénomènes d'induction dont il n'est
pas facile de prévoir les effets. J'ai interrogé des hommes très-compétents en cette branche de la physique,
soit en France, soit en Angleterre, etc., et j'avoue que
je n'ai rien conclu de tout ce qu'ils ont pu me dire; il
n'y a, je crois, que l'expérience elle-même, le fil une
fois posé, qui pourra nous éclairer convenablement à
ce sujet. Les électriciens du transatlantique se sont
pourtant livrés à de nombreuses observations, et ils ont
déclaré que la science a démontré les résultats suivants :

1° Les fils sous-marins, couverts de gutta-percha,
transmettent l'électricité comme de simples conducteurs isolés ; mais ils doivent être d'abord chargés
comme une bouteille de Leyde avant de rien transmettre du tout.

2° En conséquence, le mouvement du courant électrique n'est pas le même dans ces fils que dans de simples conducteurs isolés.

3° Les courants magnéto-électriques traversent plus
vite ces fils que les courants voltaïques.

4° La vitesse des courants magnéto-électriques est
plus grande quand ils sont forts que quand ils sont faibles, quoique les courants voltaïques de grande intensité n'aient pas plus de vitesse que ceux de faible
intensité.

5° La vitesse de transmission des signaux le long de
ces fils sous-marins est énormément accrue, dans la

proportion de 1 à 8, si l'on emploie alternativement un courant négatif et un courant positif.

6° La diminution de la vitesse d'un courant magnéto-électrique n'est pas proportionnelle au carré de la distance, mais se rapproche beaucoup plus de la proportion arithmétique.

7° Plusieurs ondes distinctes d'électricité peuvent, dans certaines limites, traverser simultanément, sans interférences, différentes parties d'un long fil.

8° Quant à ce qui concerne la vitesse de l'électricité, de gros fils sous-marins sont dans de plus mauvaises conditions que des fils minces.

9° En employant des fils comparativement minces et des bobines magnéto-électriques d'induction, on arrivera à transmettre des signaux à 2,000 milles avec une vitesse suffisante (1).

Je ne puis entrer en de grands détails sur les questions électriques dans cette note ; néanmoins je dois dire que, dans mon opinion, au lieu de 7 mots par minute (selon les électriciens du transatlantique) qui seraient envoyés de Terre-Neuve en Irlande, il n'y en aura au plus que 2 ; ce qui réduirait les messages, en 24 heures, de 14,000 mots à 3,000 environ ; soit 150 messages de 20 mots ; encore faut-il retrancher le temps nécessaire pour les exigences du service spécial de la ligne et les intervalles forcés entre les dépêches.

Quoi qu'il en soit, si des signaux nets arrivent même dans ces limites réduites, ce sera un magnifique

1) Ces assertions sont extraites d'une brochure anglaise publiée par les directeurs de la Compagnie.

résultat, excepté toutefois au point de vue des bénéfices de la compagnie.

La question de la profondeur était capitale par la considération suivante : le câble, sauf le fer qui l'entoure, a à peu près la densité de l'eau, et, par conséquent, sauf le fer, n'a, pour ainsi dire, aucun poids dans l'eau ; il n'y a donc à se préoccuper que du fer. Or un très-bon fer, dans des conditions de câble, porte 60 kilogr. par millimètre carré, et pèse dans l'eau 6 gr. par mètre ou 72 kilogr. pour 12,000 mètres, c'est-à-dire qu'un fil de fer pesant verticalement et sans secousse casserait par 12,000 mètres de profondeur.

Si donc il y eût eu 12,000 mètres de profondeur entre l'Irlande et Terre-Neuve, le câble se serait infailliblement rompu. Or il était question de profondeurs, dans l'Atlantique, trouvées antérieurement, de 10, 13 et 17,000 mètres, par les capitaines Berryman, Stenham et Parker. Heureusement la Providence semble avoir placé entre l'Irlande et Terre-Neuve ce que Maury appelle le plateau télégraphique, et des sondes faites avec soin n'ont donné que 4 ou 5,000 mètres pour la profondeur maximum sur cette route. Les sondes ont été faites par *l'Artic* des États-Unis, mais elles n'ont pas été trouvées satisfaisantes ; *le Cyclops*, navire anglais, les a refaites et a trouvé 400 brasses de plus, soit en tout 2,400 brasses pour profondeur maximum.

Ces deux questions de l'électricité et des profondeurs une fois éclaircies, on pouvait s'occuper du câble lui-même.

Le câble qu'on a adopté est, à mon avis, très-bon ; je ne puis que l'approuver puisqu'il est presque identique

à celui que j'ai proposé depuis longtemps dans mes pré-
cédents rapports et construit selon les idées que j'avais
énoncées lors des opérations dans la Méditerranée. Seulement j'y aurais désiré deux fils au lieu d'un, et une
armature encore plus légère. Tel qu'il est, il remplit
les conditions convenables de force et de souplesse. Les
principaux renseignements à consigner sont ceux-ci : son
diamètre extérieur est de $0^m,015$ environ ; il pèse environ
$6^t,25$ par mètre dans l'air, soit 1 tonneau le mille anglais ; il se compose d'un fil conducteur consistant en
7 fils de cuivre tressés, ayant en tout 2 millim. de diamètre ; le conducteur est entouré de trois couches de
gutta-percha d'une épaisseur totale de 9 millim.; d'une
couche de filin goudronné, et enfin de dix-huit torons de
fil de fer, composés chacun de sept fils, ayant 2 millim.
de diamètre ; il supporte 3 tonneaux et demi, soit près
de 70 kilogr. par millimètre carré de fer, et, comme il n'a
par 4,500 mètres que 2 tonneaux environ à supporter,
il s'ensuit que sous ce rapport il est dans des conditions
favorables. Il coûte 1 fr. 40 c. le mètre, dont $0^r,625$
pour la gutta-percha et le cuivre et $0^r,775$ pour le reste :
les 2,500 milles anglais coûtant alors 5,600,000 fr.

Un plus gros câble a été construit sur une longueur
de 30 milles pour être placé près de terre. Ce gros câble part d'une très-forte dimension pour diminuer proportionnellement jusqu'à la dimension du câble des
grandes profondeurs. La plus forte partie au départ se
compose d'un conducteur en cuivre, identique à celui
du petit câble, entouré de trois couches de gutta-percha, puis de filin, et enfin de 12 fils de fer de 7 millim.
de diamètre chacun.

Les conducteurs en cuivre, recouverts de gutta-percha, sortent de la fabrique de gutta-percha à Londres, la seule au monde, à ma connaissance, qui, aujourd'hui, offre des garanties convenables d'exécution. La gutta-percha doit être examinée avec soin à la presse hydraulique, non-seulement dans la fabrique de M. Statam, mais encore dans les ateliers des armatures. Il faut aussi se méfier de la chaleur; ainsi, sur le quai de Greenwich, à la fabrique de M. Glass, l'ardeur du soleil en a fait fondre plusieurs milles, dans lesquels l'isolation a été détruite. L'armature a été confiée moitié à MM. Glass et Elliot, à Greenwich, moitié à MM. Newall et Cie, à Birkenhead, deux fortes maisons qui se sont bien et promptement acquittées de ce travail, et qui, fonctionnant jour et nuit, ont fabriqué jusqu'à 30 milles par jour. Seulement il a été commis une faute assez extraordinaire : les deux moitiés du câble, fabriquées dans deux usines différentes, sont faites en spires de sens contraire, de sorte qu'au joint elles doivent tendre naturellement à se détordre, ce qui est une condition fâcheuse. Je ne crois pas , néanmoins, qu'il y ait lieu de se préoccuper de ce défaut autant qu'on l'a fait, et que le danger est moins grand qu'on ne l'a supposé; c'était cependant une raison de plus pour commencer la pose par le milieu de l'Atlantique.

Quant à la marche de l'opération à la mer, le plan en vue duquel primitivement tout avait été d'abord réglé consistait à faire arriver les deux bâtiments au milieu de la distance à parcourir; là on aurait joint les deux câbles, et chacun serait parti de son côté, *l'Agamemnon* vers Terre-Neuve, *le Niagara* vers l'Irlande.

7.
Mauvaise
marche
de
l'opération;
il aurait
mieux valu
partir
du milieu.

Malheureusement, à mon avis du moins, quinze jours seulement avant le départ, des réflexions sont venues; on s'est demandé s'il ne valait pas mieux partir de l'Irlande tous ensemble, l'un des navires filant d'abord son câble, puis l'autre à son tour. Des discussions nombreuses ont eu lieu, et on a fini par se décider pour le second parti.

La question me paraît assez importante pour être traitée complétement, quoiqu'en peu de mots. Voici toutes les raisons qui ont été alléguées en faveur du nouveau plan (1) : qu'on assure le bout du câble à terre avant de partir (cette opération est facile, comparativement du moins; il n'y a pas à s'en préoccuper); qu'on passe des petites profondeurs dans les grandes, mieux vaut, au contraire, commencer par les grandes, et s'exercer au plus difficile, quitte à casser une fois ou deux au départ); qu'on aura probablement des vents d'ouest, et qu'il vaut mieux aller contre le vent (quand même cela serait, dans cette saison les vents sont modérés et doivent peu entrer en ligne de compte; de plus, l'*Agamemnon* et *le Niagara* sont de bons bâtiments et ont de bonnes machines); qu'on aura successivement tous les ingénieurs et les électriciens à la fois à bord du bâtiment qui émettra le câble (d'abord on n'aurait plus, si l'on partait du milieu, à mettre des électriciens à terre; quant aux ingénieurs, il y en avait cinq ou six, le nombre en ayant été déterminé pour le cas du premier plan; et, s'il faut tout prévoir, qu'aurait-on fait

(1) Je mets entre parenthèses les réponses que j'aurais opposées à chacune d'elles.

si , une fois rendus au milieu, la mer avait été assez
mauvaise pour ne pas permettre de transporter tout le
personnel d'un bord à l'autre?); que, dans le cas où on
partirait du milieu, l'un des navires, suivant les circonstances différentes que chacun d'eux rencontrerait,
pourrait avoir trop de câble et l'autre pas assez (la
quantité de câble a été commandée dans la prévision
qu'on commencerait la pose par le milieu, et d'ailleurs
il aurait suffi d'en commander davantage); que, dans le
nouveau plan , on n'a qu'un joint à faire au lieu de
trois (avec la différence que les trois joints du premier
plan sont faciles, et que l'unique du second plan est de
la plus délicate difficulté); que, — ceci est la plus ap-
parente des raisons, — si les deux navires filent ensemble
et qu'il arrive une interruption de signaux électriques,
on ne saura où est le mal, et que l'un au moins sera
embarrassé , tandis que, s'il n'y en a qu'un, il pourra
relever son câble et réparer l'avarie (malheureusement
l'expérience a démontré : 1° que, si les communications
sont interrompues, c'est que le fil de cuivre est cassé, et,
comme il casse le dernier, que le câble entier est rompu ;
2° que, par de grandes profondeurs, et même par des
profondeurs modérées, relever le câble est presque impossible) (1); enfin, avec le second plan, que les directeurs sont informés à chaque instant de la marche de
l'opération (ceci est une raison d'intérêt commercial
pour laquelle je ne suis pas compétent).

Quant aux avantages du premier plan , ils sont évi-
dents ; je ne citerai que les suivants : moitié moins de

____

(1) J'appelle ici profondeurs modérées jusqu'à 400 ou 500 mètres ;
l'*Elba* a relevé l'algérien par une centaine de mètres.

temps pour faire l'opération ; choisir son temps pour faire ce joint et recommencer deux ou trois fois s'il le faut sans grande perte de câble, et surtout faire ce joint facilement, tandis qu'il est presque impraticable par mauvais temps et très-difficile par beau temps, lorsqu'un des navires a deux mille brasses de câble qui pendent à son arrière.

Enfin, si l'on devait commencer de l'Irlande, n'était-il pas tout naturel d'éviter ces dangers du milieu en mettant tout le câble sur un seul navire, ce qui, en outre, eût été beaucoup plus économique en matériel et personnel. Cette possibilité de mettre tout le câble sur un seul navire paraît évidente ; en somme, il ne fait que 2,500 tonneaux en poids et 1,000 tonneaux environ en volume. Un gros vaisseau, disposé tout exprès, l'aurait pris. J'ajouterai qu'à mon avis un seul navire, portant tout le câble, vaudrait beaucoup mieux que deux, même partant simultanément du milieu.

Comme on n'avait commandé que 2,500 milles (anglais), soit 2,142 milles nautiques, et que de Valencia à Newfoundland il n'y a que 1,640 milles, on avait 500 milles en plus pour parer aux pertes nécessaires. Cette quantité est sans doute considérable, mais l'expérience que je puis avoir de ce genre d'opération me porterait à désirer avoir, pour une distance aussi considérable, encore plus de câble, soit 50 p. 100 en sus de la distance à parcourir.

8.
Saison
favorable
pour
l'opération.
Le moment de l'opération était parfaitement choisi, d'après les observations de Maury, et il n'y a pour ainsi dire pas de chances de gros temps pendant le mois d'août ; on n'a pas à craindre les glaces ; il n'y a que les

brouillards qui pourraient amener quelques difficultés,
et qui sont plus fréquents en été qu'en hiver.

Le câble, une fois fabriqué, devait être embarqué, moitié sur *l'Agamemnon*, vaisseau anglais de 92 canons qui a porté dans la mer Noire le pavillon de l'amiral Lyons, et moitié sur *le Niagara*, des États-Unis, immense frégate de 5,200 tonneaux, de 315 pieds de long sur 56 de large. *L'Agamemnon* n'a pour officiers, et même pour capitaine, que des masters; *le Niagara* est sur le pied de guerre, sauf qu'il a laissé ses 12 canons à New-York. Il a 400 hommes d'équipage et 50 hommes environ appartenant à la Compagnie. *L'Agamemnon* a eu son câble en un seul rouleau d'environ 15 mètres de diamètre et de $4^m,50$ de hauteur; il a pu se mettre bord à quai à la fabrique même de Greenwich, et le câble, déjà lové dans de grands bassins devant les ateliers, était appelé directement à bord par une petite machine à vapeur. On embarquait environ 50 milles par 24 heures; une trentaine d'hommes le lovaient à la lueur du gaz.

Le Niagara n'a pas eu les mêmes facilités; il n'a pu, à cause de ses dimensions, aller à Birkenhead prendre directement le câble à la fabrique même; il lui a fallu l'embarquer à la mer, dans la Mersey. Quatre machines avaient fourni quatre pièces de câble qui chacune ont été embarquées d'abord sur un grand chaland, et de ce chaland à bord à main d'hommes. En outre on n'a pas pu, comme sur *l'Agamemnon*, tout lover en une seule glène; il a fallu en avoir cinq à peu près circulaires, de 13 mètres de diamètre environ, condition beaucoup moins favorable à la pose. Il y en avait un sur le pont, à l'arrière de la machine, un au-dessous, dans la batterie, qui avait pris une partie du carré des officiers, et trois sur l'avant de la machine, dans la cale, le faux pont et la batterie.

L'embarquement du câble et la manière dont il est disposé à bord ont une grande importance en raison des torsions plus ou moins grandes qui sont imprimées au câble suivant le procédé employé, torsions qui ont pour effet de le rendre plus favorable aux coques, et par suite à la rupture. On ne m'a pas paru s'être préoccupé de cette espèce de danger ; mais, pour aider à la meilleure émission du câble, on a établi, au centre du cercle où il devait reposer, un cône bien charpenté de 3 mètres environ de diamètre à sa base ; puis on est parti de la circonférence extrême et on a décrit des cercles juxtaposés jusqu'à arriver au cône. Là on est reparti avec le câble presque en ligne droite jusqu'à la circonférence extrême, et on a recommencé à lover toujours dans le même sens, et ainsi de suite. Cette disposition a pour effet, lorsque le câble se déroule, de faire presser les cercles les plus petits contre les cercles les plus grands. L'opération fort simple du lovage exige les plus grands soins ; car, lors de la pose, le câble doit se dérouler d'une manière continue et sans secousse : le moindre trouble, la moindre coque seraient fatals. Je dois cependant ajouter que le petit câble, si souple du reste, ne m'a pas paru, pendant l'émission, se ressentir des torsions ; il n'en a pas été de même du gros, qu'on pouvait à peine manier. Il va sans dire que, pendant que le câble est lové, on vérifie par des compteurs les quantités embarquées, et on s'assure, au moyen d'appareils convenables, que l'isolation est parfaite.

Tout cela établi, il ne s'agissait plus que de penser aux procédés à employer pour filer le câble à l'eau. Je regrette d'avoir à exprimer l'opinion que la machinerie adoptée a été très-malheureusement conçue ; elle est lourde et compliquée ; sa masse énorme et les difficultés de maniement sautent aux yeux, et, lorsqu'on pense qu'elle est destinée à guider et à protéger ce petit câble si léger, si souple, qu'il fallait rendre le plus libre possible, on se sent mal à l'aise à l'idée de l'union de ces deux êtres de nature si différente. L'impression que j'ai ressentie à première vue a été si forte que j'ai immédiatement écrit au ministre de la marine que je n'avais aucune confiance dans l'opération, et que probablement le câble serait cassé au bout de trois cents ou quatre cents milles. Malheureusement cela n'a pas manqué.

10.
Machines
pour
l'émission.

Cette machinerie consiste principalement en quatre roues de 1^m,60 de diamètre et 0^m,13 d'épaisseur, sur lesquelles le câble s'enroule de manière à former deux 8. Chacune de ces roues est en rapport avec une roue dentée de même dimension, puis aussi avec des roues concentriques portant les freins. Ces freins sont durs et brusques. Le câble partant de ces roues va passer sur une cinquième roue située tout à fait à l'arrière du navire, et là tombe dans l'eau ; à côté se trouve une petite machine à vapeur auxiliaire. Il y a aussi deux énormes roues de 2 mètres de diamètre et de 0^m,30 d'épaisseur, et à cinq gorges, avec roues dentées et roues à frein, destinées principalement à relever le câble en cas de besoin, opération que je considère comme impossible par de grandes profondeurs, et comme très-difficile même par des profondeurs modérées. Tout cela pèse environ quinze tonneaux et coûte 50,000 francs.

II

OPÉRATIONS A LA MER.

Ces préparatifs ainsi disposés, les divers navires de l'expédition furent rendus à Queenstown le 30 juillet, et nous partîmes le 3 août pour Valencia, point de l'Irlande le plus rapproché de l'Amérique.

Le Niagara était accompagné de la corvette américaine *la Susquehanna*; *l'Agamemnon* avait pour escorte la corvette anglaise *le Léopard*. *Le Cyclops* (anglais), l'hydrographe de l'expédition, était parti depuis deux jours pour reconnaître une dernière fois le terrain : il devait indiquer la route lors de la pose. Il y avait aussi à Valencia deux très-petits vapeurs de rivière, dont *le Willing-Mind* était l'un, et qui étaient destinés à agir par les très-petits fonds.

(A partir d'ici je copie mon journal, rédigé au fur et à mesure des différentes phases de l'opération.)

Le 4 août, avant d'arriver à Valencia, essai des machines avec du câble condamné à Greenwich; temps magnifique, par 40 brasses environ ; mis une vingtaine d'hommes sur les roues, pour les faire tourner. A grand'peine on les met en mouvement, le câble formant le double 8 ; au bout de peu de temps le câble défile rapidement ; on cherche à l'arrêter ; on stoppe ; bref, on le casse. On recommence et on casse encore. On a attribué ces accidents à la mauvaise qualité du câble et aussi à la pression sur le câble d'une petite roue supérieure qu'on avait mise dans l'intention de le diriger, mais qu'on a supprimée comme dangereuse ; tout ceci néanmoins n'était pas d'un bon augure. Sept heures du soir ; mouillé à Valencia 5 août. *Le Niagara* est mouillé dans un endroit fort dangereux, ouvert entièrement au S. O. par 20 brasses, fond dur ; à un demi-mille dans le S. O. des roches, à 2 milles de la plage où doit aboutir le câble sous-marin. Quand il a relevé son ancre, il l'a cassée.

Toute la journée a été employée à conduire le gros câble à terre. On en a embarqué 2 milles 1/2 sur *le Willing-Mind* et dans deux grandes chaloupes ; deux grands canots ouvraient la marche, les deux chaloupes venaient ensuite, et enfin *le Willing-Mind*.

Le Willing-Mind a d'abord émis son câble, puis les chaloupes, et on est arrivé à terre. Le tout, quoiqu'un peu difficile en raison de la grosseur de ce câble peu maniable et très-tordu, n'offre pas de dangers ; mais je suis d'avis, à cause du mauvais mouillage, qu'il aurait fallu mettre ce gros câble à bord d'un petit bâtiment qu'on aurait envoyé quelques jours à l'avance, et qui, cette première opération une fois faite, aurait gardé le bout du câble à bord jusqu'à ce que *le Niagara* fût venu

13.
Pose du
gros câble
près de terre.

mouiller auprès de lui, seulement pendant le temps nécessaire pour faire le joint du petit et du gros câble.

Nous passons la nuit au mouillage, le joint étant fait.

6 août. Beau temps; vent faible de l'E. à l'E. N.
E. A 6 heures, nous commençons à filer doucement.
Ce gros câble est très-tordu. Cela est dû à la façon
dont il a été lové, et les inconvénients, qui sont peu sensibles pour le petit câble, apparaissent très-graves pour
le gros; il faudrait le love en S. Il est si peu maniable qu'on ne peut le maintenir sur les roues. Au bout
d'un mille il s'échappe, s'engage sur l'axe, se roidit
et casse à 10 brasses du bâtiment. On filait alors à
peine un nœud et on était par 25 ou 30 brasses de
profondeur.

A partir de 7 heures, le *Cyclops* et le *Willing-Mind*
cherchent à repêcher le câble. On le trouve à 2 heures; on le tient sur une chaloupe. *Le Niagara* file du
câble à bord du *Willing-Mind*, qui va vers la chaloupe où doit se faire le joint; mais la mer est trop
grosse pour cette opération délicate : on y renonce.
L'arrêt dure de 2 heures à 6 heures; on mouille les
uns auprès des autres, et on attend.

7 août. Beau. Belle mer. Petite brise du N. E. et
du N.

Le câble, hier, a été retrouvé à une certaine distance
au large de notre mouillage; la frégate ne peut aller
mouiller auprès; la mer y est un peu grosse pour le
joint. A 5 heures tout est en règle; nous filons doucement deux nœuds. On a mis un sabot sur la roue où
s'est fait le décapelage d'hier, et des barres de fer qui
retiennent ce câble. Tout va tant bien que mal. A 11

14.
Rupture
du
gros câble.

15.
Réparation
de l'accident
de la veille.

heures et 1/2 vient le joint du petit câble et de la fin du gros, alors de 0,035 de diamètre, semblable à celui de la Méditerranée. On file très-doucement. On a frappé une haussière en cas d'accident sur le gros câble ; on stoppe le navire. Au moment où le joint passe sur la troisième roue, il casse net ; l'haussière a retenu le câble qui est à la mer. On refait le joint. Les ingénieurs ont attribué cette rupture à ce que le joint était mal fait ; je croirais plutôt qu'elle est due à la machine ou aux freins, car ce n'est pas exactement au joint qu'elle a eu lieu. En une heure quarante minutes le joint est fait ; on le file à la mer, à la main (heureusement), et ce n'est que lorsque le petit câble est rendu au fond qu'on l'enroule en 8 sur les 4 roues. On file de 2^m à $2^m,5$.

16.
Rupture
au joint
du petit et du
gros câble.

8 août. Temps magnifique. Belle mer; brise du N. au N. N. O.

17.
Journée
sans
accidents.

Le câble se déroule très-nettement et très-aisément. Il a été admirablement lové ; on a entouré le cône central du rouleau d'une espèce de cage à jour en cercles de fer, et le câble glisse entre la cage et le cône ; de là il s'élève, passe sur plusieurs poulies très-larges , puis est guidé entre des rouleaux mobiles en bois jusque sur les roues de l'arrière.

A midi, $\lambda = 52^\circ\ 59'$, $L = 11^\circ\ 19'$ par 100 brasses. Nous marchons suivant l'arc de grand cercle.

18.
L'opération
marche bien.

9 août. Beau temps ; légère brise du S. O. au S. S. O.; la journée se passe sans accidents,

A midi, $\lambda = 52^\circ\ 11'$, $L = 13^\circ\ 01'$; courants, 10^m au N. 81° E. Nous sommes par 350 brasses. On a filé 64 milles depuis hier ; la machine auxiliaire aide de temps en temps l'émission.

A 7 heures et 1/2, on a passé du rouleau sur le pont à l'arrière de la machine au rouleau de la batterie à l'avant. Cette opération s'est faite très-aisément. Le câble est d'une souplesse admirable.

La machine va par secousses ; les indicateurs en marquent les irrégularités ; l'angle du câble avec la verticale à partir du bord est de 45°.

En outre du loch ordinaire, la vitesse du navire est donnée par le loch Massey, dont la boîte à cadrans est attachée à poste fixe à la dunette ; il y a dehors une longueur de houache juste suffisante pour que le volant plonge toujours dans l'eau. Les officiers disent que ce procédé leur a toujours réussi.

Les ingénieurs de la Compagnie ont voulu employer une combinaison du loch Massey et de l'électricité ; c'est le loch Massey, dont la boîte à cadrans, plongeant dans la mer, est entourée de gutta-percha. Ces cadrans ouvrent et ferment des courants qui viennent se manifester à travers des fils conducteurs, entourés de gutta-percha, aboutissant à bord et y donnant le sillage au moyen de compteurs. L'idée était ingénieuse, mais l'appareil a mal marché. Je crois que l'eau est entrée dans la boîte à cadrans qui plonge dans la mer.

10 août. Petite brise de S. O. et d'O. On a heureusement augmenté la vitesse ; on file 4, 5 et même 6 nœuds ; on file aussi proportionnellement une quantité raisonnable de câble, cinq mille contre quatre, par exemple. L'angle du câble avec la verticale au sortir du bâtiment est de 45°.

A midi tout va bien, $\lambda = 52° 28'$, $L = 16° 0'$; courants N. 55° E., $4^m,5$; nous sommes par 1,800 brasses. On a fait 111 milles en 24 heures et on a filé 119 milles du câble. A ce moment l'angle avec la verticale est de 50°. L'indicateur donne un peu plus d'un tonneau pour tension. Le câble fait 6 milles contre le navire 5. Ces résultats sont magnifiques.

Un des défauts de cette machinerie est que les roues sont deux à deux et se touchent, et que l'angle au centre du 8 est très-aigu; il aurait mieux valu mettre une petite roue entre les deux, de façon à faire des angles plus arrondis; en cas d'accidents ou de coques, on serait dans des conditions moins dangereuses.

22. Premier accident; il est réparé. A 6 heures, le câble a décapelé sur la troisième roue; il passait sur les deux gorges; il a sauté de l'une sur l'autre, en sorte qu'il y a eu deux câbles sur la même gorge; il y a eu choc et arrêt. On a stoppé les freins et le navire, on a saisi le câble avec une haussière, et il est venu verticalement. Il me paraissait ne plus avoir de tension; j'étais persuadé qu'il était cassé. On a mis 20 minutes à recapeler le câble et on a recommencé à filer, les électriciens ayant déclaré que les communications n'étaient pas interrompues; même ils ont dit qu'après l'accident il y avait eu un courant plus fort qu'avant. C'était sans doute un courant de retour.

23. La partie électrique de l'opération a mal marché. Du reste, la partie électrique a très-mal marché pendant toute l'opération. D'abord l'électricien en chef, M. Whitehouse, est resté à terre, tandis que son poste, à mon avis du moins, était à bord. Ensuite on n'a eu sur le *Niagara* que de mauvais appareils; non-seulement on n'a pu faire aucune expérience électrique, mais encore, depuis le 10 à midi, on n'a plus eu de signaux à

bord : les courants étaient trop faibles pour les indiquer (1).

On met une pièce de bois sur cette troisième roue
pour empêcher le même accident de se renouveler, et
on continue.

A 9 heures le câble s'échappe de la quatrième roue ;
elle s'était probablement remplie de goudron et d'é-
toupe : il a glissé par-dessus. On stoppe encore et on
remet en place ; on marche de nouveau.

24. Second accident ; il est réparé.

Il est à remarquer que, dans ces différents cas, on
arrête le câble avec des cordes qui le saisissent et le
tordent sans pitié, au point de le courber, de le nouer
presque et de le disposer parfaitement à la rupture.

A partir de 9 heures les communications électriques
cessent complétement ; on a beau écrire à terre, pas de
réponse. A 11 heures 1/2 on avertit la terre que, si elle
n'envoie pas de signaux, on va couper le câble. Arrivent alors des signaux plus forts que par le passé, mais
pas assez énergiques pour former des dépêches. Vers
3 heures du matin on observe une grande tension dans
le câble ; on diminue la vitesse. Le navire file 3 nœuds,
le câble, 5.

A 3 heures 50 minutes du matin il casse d'un coup
net, à 20 brasses sous l'eau ; les indicateurs donnaient
1 tonneau 3/4. Le temps était magnifique, cette pièce

25. Rupture. Causes de la rupture.

(1) En présence des avis si favorables émis récemment par les électriciens de la Compagnie, qui, m'a-t-on dit, ont fait de nombreuses et
concluantes expériences, je n'ose exprimer mon opinion sur l'énergie
probable des manifestations électriques qui auront lieu aux extrémités
du câble transatlantique.

de câble fort belle. Nous sommes par $\lambda = 52^{\circ}\,28'$, $L = 17^{\circ}\,20'$, par 2,050 brasses, à 274 milles de terre. On a filé en tout 334 milles de câble.

Il y en avait à bord du *Niagara* 1,073 ; il en reste 754, qui, ajoutés à 1,088 de *l'Agamemnon*, donnent 1,847 milles en tout. De Valencia à Newfoundland il y a 1,640 milles ; c'est donc 207 milles qu'il reste en plus de la distance à parcourir. Il n'y a pas à songer à recommencer. Nous retournons en Angleterre.

J'attribue cette rupture à la machinerie ou aux freins, et aussi au défaut de mouvement. Le câble libre et en mouvement se supporte aisément par ces profondeurs.

26.
Expériences
du 12 août.
Le lendemain, 12 août, nous avons filé en cet endroit 3 milles de câble ; il y en avait par conséquent près d'un demi-mille sur le fond ; nous l'avons traîné pendant une dizaine d'heures avec des vitesses qui ont été jusqu'à plus de 7 nœuds. On a fait avec le navire tout ce qu'on a pu pour le casser ; la mer était grosse, et, de guerre lasse, on n'a pu venir à bout de se débarrasser de ce câble qu'en lui donnant un coup de hache.

Au contraire, un câble touchant également le fond, qu'on a laissé librement pendre, en parfait état de repos et verticalement, par les mêmes profondeurs, a cassé, au bout de 20 minutes, à une brasse de la dunette. Il a commencé par se détordre, les fils de fer ont cassé, et, chose extraordinaire, la gutta-percha est restée presque seule, pendant dix minutes, à soutenir le tout. Nous avons fait aussi une expérience qui montre la possibilité, je dirai même la facilité, de faire le joint au milieu. Nous avons joint le câble de *l'Agamemnon* et le nôtre, et chaque navire s'en est allé de son côté ; le câble est arrivé sainement au fond, et ce n'est qu'après que les deux bâtiments ont filé quelque temps encore que le câble s'est cassé à bord de *l'Agamemnon*.

De tout ceci il me semble ressortir que cet insuccès ne préjuge en rien de la praticabilité de l'opération, et qu'elle sera possible, à la belle saison, avec une machinerie plus légère, moins compliquée, et des freins plus doux, à la condition toutefois, à mon avis, qu'on commencera du milieu, et aussi qu'on aura beaucoup plus de câble à bord.

Le Niagara a admirablement fait son devoir, le capitaine Hudson par-dessus tout.

13 août 1857, à bord du *Niagara*.

FIN.

La Compagnie du Télégraphe transatlantique a publié au commencement de ce mois (avril 1858) la note suivante sur les opérations préliminaires qui précèdent le second essai de la pose du câble entre l'Irlande et Terre-Neuve.

J'ai pensé que ce renseignement serait accueilli avec intérêt.

Les opérations préliminaires de la pose du câble qui doit s'effectuer l'été prochain, pour unir télégraphiquement l'Europe et l'Amérique, se poursuivent avec la plus grande activité.

Le câble qui, avec l'autorisation du gouvernement anglais, est resté enfermé pendant l'hiver dans les bassins de Keyham à Devonport, est actuellement roulé à bord du vaisseau de Sa Majesté Britannique *Agamemnon* et de la frégate des États-Unis *Niagara*, ces deux bâtiments ayant reçu de nouveau de leurs nations respectives la mission de prêter leur concours à l'œuvre.

Au 10 avril 1858, 620 milles de câble étaient roulés à bord de l'*Agamemnon*, et 484 à bord du *Niagara*.

Un nombre considérable d'ouvriers sont occupés à l'enroulement du câble, de 4 heures du matin à 8 heures du soir, le dimanche excepté. On espère que la totalité du câble sera embarquée le 10 mai. Les 300 milles de câble additionnel, dont la fabrication a été demandée par les administrateurs dans leur rapport aux actionnaires, sont en cours d'exécution chez MM. Glass, Elliot et compagnie, le capital suffisant à cette entreprise ayant été souscrit. Ces 300 milles de câble seront terminés et roulés à bord des vaisseaux vers la deuxième semaine de mai.

La commission scientifique nommée pour faire les expériences relatives à la machine à filer le câble a fixé son choix sur les poulies et arrêts à employer dans cette circonstance, de sorte que la machine complète a été commandée. Cette machine sera terminée dans une semaine, et sera amenée ensuite dans les ateliers de MM. Easton et Amos, à Londres, où elle sera soumise à un sévère examen et à de sérieuses expériences.

Les administrateurs ont ensuite l'intention d'inviter, par circulaire, tous les ingénieurs et mécaniciens d'un talent reconnu à visiter l'appareil et à donner leur avis sur la forme et la construction dudit appareil.

Si aucune critique ne vient donner naissance à quelque modification dans le mécanisme, avant de poser le câble, *le Niagara* et *l'Agamemnon*, qui, à ce que l'on suppose, seront complétement équipés et prêts à mettre à la voile vers la dernière semaine de mai, prendront la mer. Arrivés dans des eaux profondes, à environ 300 milles des côtes d'Irlande, ils exécuteront une série d'expériences relatives au filage et au halage, et feront l'essai pratique de quelques suggestions et applications proposées à la Compagnie par des personnes de mérite qui ont pris un intérêt très-vif au succès de l'entreprise.

Les deux bâtiments reviendront ensuite en Angleterre et rendront compte de leurs opérations. Si les essais ont fait reconnaître l'urgence de quelque amélioration ou modification dans l'appareil, on aura le temps de l'effectuer, de façon à permettre à l'expédition de partir définitivement à une époque de l'année pendant laquelle, de l'avis unanime des personnes qui connaissent le mieux, par expérience, les phénomènes atmosphériques de l'océan Atlantique septentrional, la mer et le vent se trouvent dans les conditions les plus favorables pour le succès de l'entreprise.

L'Agamemnon, actuellement en armement, sera commandé par le capitaine George W. Preedy. L'amirauté a, en outre, adjoint à *l'Agamemnon le Gorgon*, capitaine Dayman, et un autre steamer à aubes, et les a mis au service de la Compagnie atlantique. Ce dernier steamer est destiné à venir en aide à *l'Agamemnon*, le cas échéant; *le Gorgon* a pour mission de donner la route exacte, dans le cas où les boussoles des vaisseaux renfermant le câble se dérangeraient sous l'influence d'une aussi grande masse de fer.

On espère que les Etats-Unis enverront bientôt en Angleterre un grand steamer à aubes qui remplira le même service auprès du *Niagara*.

Il y aura donc cinq vaisseaux de guerre engagés dans cette grande œuvre internationale.

Pour la partie électrique de l'entreprise, les administrateurs ont adjoint à M. Whitehouse M. le professeur Thomson, L. L. D.; M. Walker, F. R. S., et M. Henley.

Leur intention est également de prendre les avis d'autres physiciens et électriciens dans le but d'arriver à la plus grande rapidité possible dans la transmission des signaux, ainsi qu'à la plus grande perfection dans la forme pratique de l'appareil.

Les expériences se poursuivent chaque jour avec assiduité, et des dépêches parfaitement distinctes sont transmises, sans la moindre difficulté, d'une extrémité du câble à l'autre.

———

LES PRINCIPAUX MEMBRES DE LA COMPAGNIE SONT LES SUIVANTS :

Président : M. Samuel Guerney, membre du parlement.
Vice-président : M. T. H. Brooking.
Directeur général : M. Cyrus W. Field.
Ingénieur en chef : M. Charles T. Bright.
Électricien : M. E. O. W. Whitehouse.
Secrétaire général : M. George Saward.

———

TABLE DES MATIÈRES.

PREMIÈRE PARTIE. — ÉTUDES GÉNÉRALES.

Avertissement.
1 But de ce travail.. .... Page 1
2 Division du travail................................. 2

Détermination de la route à suivre.

3 Conditions les plus favorables........................... 3
4 Disposition des sondes................................ 3
5 Nécessité de connaître exactement les profondeurs.......... 4
6 Procédés de sondages par de grandes profondeurs.......... 5
7 Utilité des relais.................................... 7
8 Points d'atterrissement............................... 8
9 Lignes télégraphiques le long de la mer.................. 8

Construction du câble : difficultés électriques.

10 Retard dans la transmission des dépêches ; induction....... 10
11 Expériences à propos du câble transatlantique............. 11
12 Comparaison entre les lignes souterraines et les lignes sous-
   marines 12
13 Double câble en circuit métallique..................... 13
14 Dimensions du fil conducteur......................... 15
15 Épaisseur de la gutta-percha.......................... 16
16 Effets de l'induction suivant la distance du fil à la surface... 17
17 Effets des grandes pressions.......................... 18
18 Confiance dans l'électricité........................... 19

6

Construction du câble : difficultés mécaniques.

19 Efforts que doit supporter le câble.................. Page 21
20 Essais de câbles... 25
21 Les dimensions sont indifférentes quant à ce qui concerne la
    résistance... 27
22 Suppression de l'armature.............................. 28
23 Cuivre... 29
24 Gutta-percha... 29
25 Filin.. 31
26 Armature... 31
27 Résistance du fer...................................... 32
28 Disposition des fils de fer............................ 33
29 Câble de M. Ballestrini............................... 34
30 Câble transatlantique.................................. 35
31 Câbles à adopter 36

Émission du câble.

32 Mémoire de MM. Breton et de Rochas.................... 40
33 Insuffisance de la théorie............................ 42
34 Système d'émission proposé par le commandant Labrousse... 44
35 Espèce du bâtiment..................................... 45
36 Machinerie... 46
37 Objections contre le système 47
38 Moyen de remédier aux torsions........................ 48
39 Substances allégeantes................................ 49
40 Système de M. Ballestrini............................. 49

DEUXIÈME PARTIE. — POSE DU CABLE TRANSATLANTIQUE
ENTRE L'IRLANDE ET TERRE-NEUVE.

Avertissement.

Opérations préliminaires.

1 Origine et marche du projet du télégraphe transatlantique... 55
   Position financière 56
   Difficultés premières à prévoir....................... 56

4 Question de la transmission de l'électricité............ Page   57
5 Question des profondeurs   59
6 Choix et construction du câble........................   59
7 Mauvaise marche de l'opération ; il aurait mieux valu partir
     du milieu..   61
8 Saison favorable pour l'opération......................   64
9 Embarquement du câble.................................   65
10 Machines pour l'émission..............................   67

Opérations à la mer.

11 Départ de la flottille, le 30 août, pour Valencia............   69
12 Essai des machines   69
13 Pose du gros câble près de terre   70
14 Rupture du gros câble.................................   71
15 Réparation de l'accident de la veille..   71
16 Rupture au joint du petit et du gros câble..............   72
17 Journée sans accidents...............................   72
18 L'opération marche bien   72
19 Loch Massey...   73
20 Loch électrique......................................   73
21 L'opération marche bien..............................   73
22 Premier accident ; il est réparé.......................   74
23 La partie électrique de l'opération a mal marché..........   74
24 Second accident ; il est réparé........................   75
25 Rupture : causes de la rupture.........................   75
26 Expériences du 12 août...............................   75
27 Conclusions...   77

FIN DE LA TABLE.

Paris. — Typographie de Firmin Didot frères, fils et Ce, rue Jacob, 56.

www.ingramcontent.com/pod-product-compliance
Ingram Content Group UK Ltd.
Pitfield, Milton Keynes, MK11 3LW, UK
UKHW022258120726
13694UKWH00003B/1103